U0174542

数字世界的共同愿景

全球智库论携手构建网络空间命运共同体

中国网络空间研究院
新华社研究院　　　　编著
中国国际问题研究院

商务印书馆
The Commercial Press

图书在版编目（CIP）数据

数字世界的共同愿景：全球智库论携手构建网络空间命运
共同体 / 中国网络空间研究院，新华社研究院，中国国际
问题研究院编著. — 北京：商务印书馆，2023
ISBN 978－7－100－22431－4

Ⅰ.①数…　Ⅱ.①中…　②新…　③中…　Ⅲ.①互联网络
—网络安全—中国—文集　Ⅳ.①TP393.08-53

中国国家版本馆 CIP 数据核字（2023）第076913号

封面设计：薛平　昊楠

数 字 世 界 的 共 同 愿 景
全球智库论携手构建网络空间命运共同体
中国网络空间研究院　新华社研究院　中国国际问题研究院　编著

商 务 印 书 馆 出 版
（北京王府井大街36号　邮政编码 100710）

商 务 印 书 馆 发 行
山 东 临 沂 新 华 印 刷 物 流
集 团 有 限 责 任 公 司 印 刷
ISBN　978－7－100－22431－4

2023年6月第1版　　开本 710×1000　1/16
2023年6月第1次印刷　印张 11
定价：118.00元

前　言

　　2022年10月，中国共产党第二十次全国代表大会胜利召开，中共中央总书记、国家主席习近平在二十大报告中就新时代新征程党和国家事业发展进行了战略部署，为中国共产党团结带领人民全面建设社会主义现代化国家、全面推进中华民族伟大复兴擘画了宏伟蓝图。习近平主席在第二届世界互联网大会中创造性提出"构建网络空间命运共同体"的重要理念，并多次围绕这一理念发表重要论述，为各国携手构建更加公平合理、开放包容、安全稳定、富有生机活力的网络空间贡献了中国智慧和中国方案。

　　当今世界，新一轮科技革命和产业变革正在重塑全球政治经济格局，为百年未有之大变局不断增添新的"时代之问"。习近平主席着眼全球互联网发展与治理大势，深入分析网络空间面临的机遇与挑战，强调发展共同推进、安全共同维护、治理共同参与、成果共同分享，努力把网络空间建设成为造福全人类的发展共同体、安全共同体、责任共同体、利益共同体。构建网络空间命运共同体是人类命运共同体理念的重要组成部分，彰显了对人类共同福祉的高度关切，表达了中国同世界各国携手发展的真诚愿望，赢得了国际社会广泛认同。

　　世界各国既面临着相似的发展机遇，也面临着共同的风险挑战。网络空间是人类共同的活动空间，网络空间前途命运由世界各国共同掌握。网络空间命运共同体理念蕴含着深切的人类情怀和厚重的责任意识，具有重要的时代价值。"志合者，不以山海为远"，为了推动国内外学界共同参与研究阐释构建网络空间命运共同体理念，汇聚各方创新思路和研究成果，中国网络空间研究院、新华社研究院、中国国际问题研究院共同开展全球智库征文活动，为全球智库、科研机构和专家学者提供了新的交流平台与窗口。此次活动征集到来自中国、美国、俄罗斯、法国、德国、西班牙、克罗地亚、韩国、印度、乌兹别克斯坦、不丹、巴西等国家专家学者的优秀稿件，从中选择了24篇具有代表性的文章，汇编成《数字世界的共同愿景：全球智库论携手构建网络空间命运共同体》。本文集充分展现了国际社会对构建网络空间命运共同体的深入思考和真诚愿望，希望能够为社会各界提供有价值的借鉴与参考。

　　各美其美，美人之美，美美与共，天下大同。构建网络空间命运共同体需要国际社会持续不断的共同努力。我们衷心期待各方继续为丰富发展"构建网络空间命运共同体"理念贡献智慧力量，携手开创全人类更加美好的未来。

中国网络空间研究院

目　录

第一章　理论阐释

第二章　发展共同推进

第五章　成果共同分享

第一章

理论阐释

推动构建网络空间命运共同体

夏学平*

摘　要：构建网络空间命运共同体理念是习近平主席顺应信息时代发展潮流提出的重要论断，是中国参与引领全球互联网治理的重要创新倡议，折射出中国推动构建人类命运共同体的价值追求。准确把握网络空间命运共同体理念的丰富内涵和辩证关系，必须坚持尊重网络主权、维护和平安全、促进开放合作、构建良好秩序。中国积极推进网络空间国际交流合作进程，主动把握数字社会加速成型的机遇期，致力与国际社会各方建立广泛的合作伙伴关系，推动共建网络空间命运共同体，让互联网更好地造福世界、造福人类、造福未来。

关键词：网络空间命运共同体；互联网发展与治理；数字合作

当前，世界百年未有之大变局加速演进，网络空间与物理世界深度联动，让世界越来越成为"你中有我、我中有你"的命运共同体。与此同时，面对单边主义、保护主义、霸权主义对数字时代国际秩序的威胁与挑战，全球互联网治理体系改革和建设进入关键期，构建和平、安全、开放、合作、有序的网络空间任重道远。站在人类文明发展的战略高度，习近平主席直面世界互联网发展的共同问题，回应国际社会共同关切，高瞻远瞩地提出"构建网络空间命运共同体"的重要理念，为全球互联网治理贡献了中国智慧、提供了中国方案。

---

* 夏学平系中国网络空间研究院院长。

抓住数字机遇、共谋合作发展，"构建网络空间命运共同体"从理念到实践凝聚着全球共识，推动数字文明造福各国人民。

一、深刻领会构建网络空间命运共同体的时代背景和重大意义

党的十八大以来，习近平主席深刻把握信息革命时代特征，准确分析全球互联网发展与治理大势，深入提出应对网络空间复杂挑战的方式方法，创造性提出构建网络空间命运共同体的理念主张。这一重要理念彰显了中国负责任大国的担当和智慧，对推动全球互联网发展与治理具有重要的现实指导意义，赢得了国际社会的高度赞誉和广泛认同。

网络空间命运共同体理念是习近平主席顺应信息时代发展潮流提出的重要论断。当今时代，信息化潮流带来了历史发展机遇，也伴生着诸多风险与挑战。互联网全面融入并深刻改变人类社会发展进程，日益成为引领科技创新、实现跨界融通的新空间，创新传播方式、推动文化繁荣的新平台，驱动经济发展、催生产业变革的新引擎，改进社会治理、推动普惠发展的新手段，深化国际合作、促进和平发展的新纽带。同时，互联网也给政治、经济、文化、社会、国防安全以及公民合法权益带来一系列风险。时代命题的回应和破解，需要巨大的政治勇气，需要胸怀天下的历史担当。习近平主席着眼于当前国际形势和时代发展需求，针对网络空间的新机遇、新风险和新挑战，倡导构建网络空间命运共同体，呼吁国际社会顺应信息时代数字化、网络化、智能化发展趋势，实现发展共同推进、安全共同维护、治理共同参与、成果共同分享。这一理念充分体现了习近平主席对信息时代特征的科学把握，蕴含着深切的人类情怀、宏阔的国际视野和厚重的责任意识，推动国际社会在信息时代广泛凝聚共识、积极探索实践。

构建网络空间命运共同体是中国参与引领全球互联网治理的重要创新倡议。随着互联网成为社会生活运行的重要依托，网络空间发展治理日益受到国际社会重视。与此同时，新冠疫情凸显了人类社会的脆弱性，数字鸿沟、网络安全、数据治理等问题给各国构成复杂挑战。各国发展不平衡、网络空间国际

规则不健全、秩序不合理等问题日益凸显；国际社会愈加认识到，独享独占没有出路，共享共治方赢未来，构建网络空间命运共同体的重要性和迫切性更加凸显。中国倡导世界各国政府和人民在相互尊重、相互信任的基础上，推动网络空间互联互通、共享共治，把网络空间建设成造福全人类的发展共同体、安全共同体、责任共同体、利益共同体。构建网络空间命运共同体，是超越意识形态差异的全球观，其最终的落脚点是使互联网促进各国共同发展、共同繁荣。这是中国为推动全球互联网治理提供的重要创新倡议和公共产品，反映了世界绝大多数国家特别是广大发展中国家的共同心声，促进全球互联网治理朝着更加公正合理的方向迈进。

网络空间命运共同体折射出中国推动构建人类命运共同体的价值追求。习近平主席首倡的构建人类命运共同体理念已经成为全球共识，并在全球范围内产生重大影响，日益深入人心。人类命运共同体理念吸收了中华优秀传统文化的精髓，吸纳了世界其他文明的有益成分，并结合中国外交生动实践，是马克思主义中国化时代化发展的新理念。人类命运共同体思想摒弃了一方或几方主导国际关系格局的思想，提倡超越身份认同，追求共享共治的世界。中国奉行互利共赢的开放战略，倡导维护各国在网络空间的主权、安全和发展利益，推动互联网领域国际交流合作，共同维护全球互联网安全，共同促进全球互联网发展，共同分享全球互联网机遇和成果。网络空间命运共同体理念体现了中国全球治理观，是数字时代人类社会发展应共同遵守的价值和准则，符合世界各国人民的共同利益。

二、准确把握网络空间命运共同体理念的丰富内涵和辩证关系

习近平主席提出构建网络空间命运共同体的重要理念，强调要坚持尊重网络主权、维护和平安全、促进开放合作、构建良好秩序等全球互联网治理的四项原则。倡导加快全球网络基础设施建设，促进互联互通；打造网上文化交流共享平台，促进交流互鉴；推动网络经济创新发展，促进共同繁荣；保障网络安全，促进有序发展；构建互联网治理体系，促进公平正义等构建网络空间命

运共同体的五点主张。我们要和国际社会一道，共同构建和平、安全、开放、合作、有序的网络空间，建立多边、民主、透明的全球互联网治理体系，准确把握构建网络空间命运共同体所包含的丰富内涵和辩证关系。

坚持尊重网络主权。主权平等是当代国际关系的基本准则，覆盖国与国交往各个领域，其原则和精神也应适用于网络空间。任何干涉他国内政、从事纵容胁迫或支持危害他国的网络活动，干涉他国自主选择网络发展道路、网络管理模式、互联网公共政策的行为，均违反《联合国宪章》。习近平主席提出的构建网络空间命运共同体理念，反映国际社会的共同愿望，成为人类对网络世界美好愿景的向往，是提升发展中国家在网络空间国际治理话语权和规则制定权的光辉典范。任何干涉、阻碍、剥夺他国平等参与网络空间国际治理权利的行为均属网络霸权，应予以反对。

坚持维护和平安全。维护和平安全是国际社会的共同责任，网络空间是人类共同的活动空间，一个安全稳定繁荣的网络空间，对各国乃至世界都具有重大意义。网络安全是全球性挑战，没有哪个国家能置身事外、独善其身。国际社会应该共同努力，防范和反对利用网络空间制造冲突、恐怖、动荡的犯罪活动。一切事不关己、高高挂起或只顾自身、单打独斗的做法，都是不足取的。任何设置双重标准危害、牺牲别国安全的做法，应予以反对。我们要树立正确的网络安全观，把握网络安全整体、动态、开放、相对、共同的特性，同国际社会携手努力，共同防范和反对利用网络空间进行的恐怖、淫秽、贩毒、洗钱、赌博等犯罪活动，依法打击各种形式的网络黑客攻击行为。

坚持促进开放合作。开放合作是网络空间国际治理体系变革的重要原则和重要途径，闭关自守、单打独斗没有出路。国际社会应当立足开放合作基本点，创造更多利益契合点、合作增长点、共赢新亮点，共同推动网络空间命运共同体茁壮成长。人类社会发展规律已经证明：闭关自守注定落后；中国改革开放史也证明：只有改革开放，才能发展中国特色社会主义。中国对外开放的大门不能关上，也不会关上。中国举办世界互联网大会·乌镇峰会，就是一个推进全球网络空间开放合作的成功典范。各国必须坚持同舟共济、互信互利的理念，摒弃零和博弈、赢者通吃的理念，不断丰富合作内涵，提高开放水平，打造更多交流合作平台，让更多国家和人民搭乘时代的快车，共享互联网发展成果。

坚持构建良好秩序。公民、法人、团体、机构等平等主体有交流思想、表达态度的权利，有治网、办网、上网的权益，这一切都要在法律的框架内运行。背离法治、社会，造成权利义务不当的法律扭曲，网络攻击、黑客等安全威胁会随之而来，网络世界就会放任自流、泥沙俱下。网络空间不是法外之地，各个主体都应该遵守法律，明确各方权利义务，要坚持依法治网、依法办网、依法上网，让互联网在法治轨道上健康运行。构建良好秩序，是网络空间治理方式、目的相统一的指导原则，涵盖怎样治理网络空间、治理一个什么样的网络空间的问题，即通过构建良好的秩序方式实现良好的秩序目的。网络空间所倡建的秩序是公共秩序，所尊重的自由是保持秩序的自由，倡导加强网络伦理、网络文明建设。

三、积极推动共建网络空间命运共同体

凡益之道，与时偕行。中国不仅是网络空间命运共同体理念的倡导者，也是携手构建网络空间命运共同体的积极践行者。在网络空间命运共同体理念的指导下，中国积极推进网络空间国际交流与合作进程，主动把握数字社会加速成型的机遇期，致力与国际社会各方建立广泛的合作伙伴关系，在网络空间的国际话语权和影响力显著提升，中国理念、中国主张、中国方案赢得国际社会越来越多的认同和支持。

弥合数字鸿沟，实现包容发展。中国积极推动"一带一路"信息高速公路建设，大力发展信息惠民，增进民生福祉。中国与共建"一带一路"国家建立技术交流合作机制，持续深入数字经济、人工智能等前沿领域合作，并提供数字素养职业培训课程，协助培养5G、云端领域的数字科技人才。中国是全球数字经济发展的支持者，深化与各国在数字经济领域的交流合作，积极参与二十国集团、亚太经合组织、金砖国家等多边机制下的数字经济相关工作，有力提振了全球数字经济合作。推动构建网络空间命运共同体，通过加大资金投

入和加强技术支持，推动全球网络基础设施建设，特别是向欠发达国家提供技术、设备、服务等数字援助，将有助于各国共享数字时代红利，推动世界经济强劲、可持续、平衡、包容增长。

应对全球风险，构建安全家园。中国坚定维护网络空间和平安全稳定。近年来，中国在协调处理重大网络安全事件、开展网络安全国际合作方面取得了显著成效。中国积极参与制定联合国框架下打击网络犯罪的国际规则，在国际刑警组织、金砖国家、东盟地区论坛等多边机制下开展打击网络犯罪合作。中国坚决打击网络恐怖主义，支持并推动联合国安理会在打击网络恐怖主义的国际合作问题上发挥重要作用，在上海合作组织框架下开展网络反恐演习等务实合作。中国发起《全球数据安全倡议》，旨在为制定相关全球规则提供一个蓝本，同时也是中国为维护全球数据安全所做出的承诺，得到世界多国积极评价。推动构建网络空间命运共同体，要秉持多边主义、兼顾安全发展、坚守公平正义的治理路径，要以更加积极的态度促进各方加强政策协调，开展互信合作，深化对话交流，切实维护网络空间和平与安全，在互利共赢中开辟人类社会和平发展的新未来。

深化各方参与，提升治理水平。中国一贯积极参与网络空间国际治理进程，支持联合国在维护网络安全、推进网络空间国际治理中发挥核心作用，建设性参与联合国信息安全开放式工作组和政府专家组工作。中国还积极参与国际电信联盟、信息社会世界峰会、联合国互联网治理论坛、互联网名称与数字地址分配机构等治理平台的活动，积极促进各方开展网络规则协商对话，鼓励科技企业、技术社群、社会组织、智库和研究机构为技术创新的标准和规范建设贡献力量。推动构建网络空间命运共同体，要坚持多边参与、多方参与，研究制定更加平衡地反映各方利益关切，特别是广大发展中国家利益的国际规则，推动网络空间治理在各方认可、公平公正的规则下有序开展，提升治理水平。

扩大交流合作，增进人类福祉。世界互联网大会·乌镇峰会，已连续成功举办九届，是中国倡导并举办的全球互联网界年度盛会，推动世界各国在网络空间的联系更加紧密、交流更加频繁、合作更加深入，持续有力推进了网络空间国际治理的"乌镇进程"。2022年，世界互联网大会正式组建国际组织，习近平主席向大会致贺信，强调网络空间关乎人类命运，网络空间未来应由世界各国共同开创。推动构建网络空间命运共同体，要扩大各方交流合作，推动构建更加公平合理、开放包容、安全稳定、富有生机活力的网络空间，推动践行和平、发展、公平、正义、民主、自由的全人类共同价值。我们应当直面挑战、抢抓机遇、同舟共济、砥砺前行，坚持以人类共同福祉为根本，推进互联网持续稳定繁荣发展，让互联网更好地造福世界、造福人类、造福未来，以昂扬姿态迈向数字文明新时代。

汇聚众智，同心协力

——携手构建网络空间命运共同体

刘　　刚[*]

摘　要： 自网络空间命运共同体理念提出以来，其内涵不断丰富，必要性愈加凸显，已成为人类命运共同体理念在网络空间的具体体现。推动构建网络空间命运共同体，推进全球互联网治理体系变革，需要尊重网络主权，以各国共同利益为出发点，建设开放共享的网络空间；回应时代诉求，推动全球发展倡议与安全倡议在网络空间落地生根；共绘未来愿景，推动建立网络空间国际新秩序。在具体实践中，可以高质量共建"一带一路"等为实施路径，推进基础设施建设，深化各国网络空间"硬联通"；建立平等协商机制，促进数字规则"软联通"；共享网络文化产品，拓展交流互鉴"心联通"。通过构建网络空间命运共同体，让全人类共商数字世界未来，共建繁荣网络空间，共享网络文明成果。

关键词： 网络空间命运共同体；人类命运共同体；"一带一路"

当今世界正经历百年未有之大变局，世纪疫情叠加地区冲突，全球治理秩序遭遇空前冲击。在网络空间，全球互联网治理体系变革进入关键时期。随着新一轮科技革命和产业变革深入发展，网络空间的重大变化，时刻影响着国际

---

* 刘刚系新华社研究院院长。

格局、经济关系和安全形势。面对当前形势，国际社会必须携手构建网络空间命运共同体，努力打造更加公平合理、开放包容、安全稳定、富有生机活力的网络空间，让全人类共享安全稳定繁荣的网络家园。

一、为加强全球互联网治理贡献中国方案

在2015年举行的第二届世界互联网大会上，中国国家主席习近平首次提出"构建网络空间命运共同体"，就推进全球互联网治理体系变革提出"四项原则"，即尊重网络主权、维护和平安全、促进开放合作、构建良好秩序，为全球互联网治理贡献中国方案，彰显大国担当。

网络空间关乎人类命运，网络空间未来应由世界各国共同开创。新形势下，要构建网络空间命运共同体，实现全球互联网良性有效治理，须秉持多边主义原则，统筹安全与发展，兼顾效率与公平。

一是尊重网络主权，以各国共同利益为出发点，建设开放共享的网络空间。少数国家提出的所谓"自由开放网络"，实质是将本国利益凌驾于他国利益之上，干涉他国主权内政，严重损害广大发展中国家的利益。各国国情不同、网络发展阶段不同，不同国家之间的数字鸿沟远未得到消弭，只有尊重各国自主选择的网络发展道路与模式，寻求各国在网络空间利益的最大公约数，才能建设风清气正、公平正义的全人类共同网络家园。

二是回应时代诉求，推动全球发展倡议与安全倡议在网络空间落地生根。发展与安全是人类社会的永恒主题。当前，全球经济发展受到多重因素影响，经济复苏脆弱乏力，南北发展鸿沟进一步拉大，民生问题考验多国政府，亟待培育全球发展新动能；全球安全赤字高企，冲突动荡频发，亟须建设一个普遍安全的世界。在全球发展与安全形势严峻的背景下，网络空间中煽动极端主义、恐怖主义的言论增多，给各国政府维护社会稳定带来新难题。国际社会应积极践行全球发展倡议和全球安全倡议，共同迎接网络空间发展机遇，携手应对风险挑战。

三是共绘未来愿景，推动建立网络空间国际新秩序。在新一轮的国际秩序演进中，推动各领域的秩序朝着更加公平公正合理的方向发展，既是国际社会

的普遍诉求，也是国际格局演进的应有之义。在网络空间国际新秩序的构建过程中，应弘扬全人类共同价值，秉承人类命运共同体理念，体现普惠包容、创新驱动原则，摒弃"零和博弈"对抗思维，破除藩篱，化解隔阂，以共同利益、共同愿景为纽带，汇聚各方力量。

二、为塑造全球网络空间新秩序提供中国智慧

网络空间命运共同体理念不断延伸出新内涵。5G、人工智能、大数据、云计算等新技术不断进步，数字经济等新业态蓬勃发展，数据安全等新话题引发广泛关注，网络舆论场呈现新特点。在构建网络空间命运共同体的过程中，须考虑到这些新变化新趋势，抓紧推进数字经济、网络媒体等领域的标准规则和法律制定，让网络空间命运共同体这棵大树更加枝繁叶茂。

构建网络空间命运共同体的必要性愈发凸显。网络技术在为人类各领域进步赋能的同时，也给各国治理带来新挑战。新冠疫情暴发以来，全球经济民生问题凸显，一些国家社会动荡加剧，网络空间治理风险陡增，而个别国家却乘机强推霸权主义，无端指责他国网络攻击，企图将网络空间"碎片化""阵营化"，妄图将一些国家排除在全球网络标准规则制定和市场之外。只有携手共建网络空间命运共同体，才能避免网络世界被割裂的风险。

体现全人类共同价值的人类命运共同体理念不断充实拓展。推动构建网络空间命运共同体，顺应世界和平发展大势与科技变革潮流，有利于人类命运共同体理念在信息化与数字经济时代获得新内涵、新发展，有利于全球经济发展获得新引擎、新动力，也有利于全球治理获得新赋能、新支撑。

三、为构建网络空间命运共同体贡献中国实践

在推动构建网络空间命运共同体的过程中，中国不仅提出了一系列理念倡议，还在各个领域贡献了丰富的实践经验，高质量共建"一带一路"就是其中的典型案例与重要路径。

在2021年11月举行的第三次"一带一路"建设座谈会上，习近平主席指出，把基础设施"硬联通"作为重要方向，把规则标准"软联通"作为重要支撑，把同共建国家人民"心联通"作为重要基础，推动共建"一带一路"高质量发展，取得实打实、沉甸甸的成就。

共建"一带一路"国家对于推动信息化发展、共享网络空间文明成果有强烈需求。在网络空间领域高质量建设"一带一路"，用数字赋能"一带一路"，是推动构建网络空间命运共同体的有力举措。

首先，推进数字基础设施建设，深化各国网络空间"硬联通"。近年来，发达国家和部分发展中国家在数字基础设施建设领域快速发展。但从全球范围来看，数字基础设施建设仍不均衡。这不仅拉大南北国家之间、不同阶层群体之间的数字鸿沟，还限制了信息流动与共享。多年来，中国帮助发展中国家建设移动互联网、光缆等基础设施，为发展中国家民众享受数字发展成果、减贫脱贫作出重要贡献。

其次，建立平等协商机制，促进数字规则"软联通"。为促进网络空间的规则互通、标准对接，近年来，中国基于共商共建共享原则，先后推动制定《二十国集团数字经济发展与合作倡议》，共同发起《"一带一路"数字经济国际合作倡议》，提出《全球数据安全倡议》，发布《携手构建网络空间命运共同体行动倡议》。2022年6月，"中国＋中亚五国"外长第三次会晤在努尔苏丹举行，通过了《"中国＋中亚五国"数据安全合作倡议》，形成网络空间规则标准的又一国际公共产品。

最后，共享网络文化产品，拓展交流互鉴"心联通"。互联网为文化传播提供了新渠道新手段，日益成为各国优秀文化产品的展示平台，也为各国民众提供了心灵交流与情感互动的空间。要在网络空间推动中华优秀文化走出去，推动各国文明交流互鉴，以文明交流超越文明隔阂，以文明互鉴超越文明冲突，以文明共存超越文明优越，弘扬中华文明蕴含的全人类共同价值。

构建网络空间命运共同体
共创后疫情时代美好世界

徐 步 袁 莎*

摘 要：在百年变局与世纪疫情叠加冲击背景下，世界进入动荡变革期，网络空间全球治理的紧迫性更加凸显。本文着眼于后疫情时代，探讨构建网络空间命运共同体的重要意义，提出构建网络空间命运共同体是构建人类命运共同体的有机组成部分，可助力实现"卫生健康命运共同体""全球发展命运共同体""全人类共同价值"等重大倡议。本文在此背景下剖析网络空间全球治理面临的赤字挑战，提出必须坚持共商共建共享的全球治理观，共商网络安全治理，共建网络空间秩序，共享网络发展机遇，为后疫情时代美好世界开创积极前景和可行路径。

关键词：网络空间命运共同体；后疫情时代美好世界；网络空间治理赤字；网络空间全球治理

随着世界多极化、经济全球化、社会信息化、文化多样化深入发展，网络空间日益成为信息传播新渠道、经济转型新引擎、社会治理新形态和文明互鉴新平台，对人类社会的生产生活产生深远影响。当前，在百年变局与世纪疫情

---

* 徐步系习近平外交思想研究中心秘书长、中国国际问题研究院院长；袁莎系中国国际问题研究院副研究员。

交织叠加的冲击下，世界进入动荡变革期，加强网络空间全球治理显得尤为重要。习近平主席提出共同构建网络空间命运共同体，为"把网络空间作为人类共同的活动空间，把网络空间前途命运交由世界各国共同掌握"指明了方向。因此，世界各国应积极践行全球治理的共商共建共享原则，共商网络安全治理，共建网络空间秩序，共享网络发展机遇，为后疫情时代美好世界创造积极前景和可行路径。

一、构建网络空间命运共同体的重大现实意义

习近平主席统筹中华民族伟大复兴战略全局和世界百年未有之大变局，提出构建人类命运共同体的重要理念，解答了"世界怎么了、我们怎么办"的时代之问。网络空间命运共同体是构建人类命运共同体的有机组成部分，是改革和完善全球治理体系的必然要求。在新冠疫情蔓延肆虐、各国人民生命健康受到威胁、世界经济遭遇严重冲击、传统和非传统安全挑战愈发严峻的背景下，构建网络空间命运共同体具有更为迫切的现实意义。

助力打造"卫生健康命运共同体"。新冠疫情暴发以来，信息技术在精准防控、病例流调、物资调运、保障民生等方面发挥了不可或缺的作用，互联网为公众了解防疫资讯，开展远程办公、远程医疗、在线教学等提供了便利。当前，疫情反复延宕，病毒不断变异，当务之急是继续发挥大数据、云计算、人工智能等信息技术优势，加大基于精准防控、数据共享等方面的抗疫合作，勠力同心抗击疫情。此外，疫情也暴露出全球仍存在"数字鸿沟"，相关数据显示，全球仅有55%的家庭可以使用互联网，其中发达国家占比达87%，而发展中国家为47%，最不发达国家仅有19%。后疫情时代，推动构建网络空间命运共同体，通过强化全球数字基础设施建设，有助于打造"卫生健康命运共同体"。

助力实现"全球发展命运共同体"。新冠疫情对全球化发展进程造成冲击，世界经济加速分化。后疫情时代，构建网络空间命运共同体，有助于各国抓住新一轮技术革命浪潮，把握数字经济新机遇，发挥物联网、区块链等技术

的巨大潜力，促进经济转型升级，实现创新驱动发展，保障产业链供应链安全畅通，推动世界经济平稳平衡复苏，助力落实"全球发展倡议"，实现"全球发展命运共同体"。

助力弘扬"全人类共同价值"。新冠疫情暴发后，西方一些政客将病毒标签化、疫情污名化、疫苗政治化、溯源工具化，催生出一场席卷全球互联网和社交媒体的"信息疫情"。西方所谓"普世价值"的软肋和虚伪在其中暴露无遗，造成社会撕裂，加剧种族歧视，推高仇恨犯罪，影响全球抗疫大局。构建网络空间命运共同体，倡导平等对话、求同存异，共同应对网络安全挑战，促进网络文化交流和文明互鉴，净化全球网络空间生态，不仅有助于抵制"信息疫情"，也有助于弘扬和平、发展、公平、正义、民主、自由的"全人类共同价值"。

二、网络空间全球治理面临严峻挑战

当前，国际社会的治理赤字、信任赤字、和平赤字、发展赤字日益凸显，网络空间已拓展成为国家安全的新疆域、大国博弈的最前沿和意识形态斗争的主阵地。全球网络空间的分裂性和对抗性不断加剧。

网络空间成为国家安全的新疆域。信息技术是一把"双刃剑"。随着信息技术迭代更新并迅速扩散，人类生产生活方式经历着深刻变革，对网络空间的依赖性也不断上升，而政府监管和国际规则的不足性和滞后性日益凸显，信息技术的负面效应加速溢出。近年来，全球网络安全事件频发，网络虚假信息、黑客攻击、有组织网络犯罪、网络恐怖主义等非传统安全威胁激增，并与传统安全威胁相互渗透，对国家安全乃至国际安全构成严峻风险和挑战。网络空间已经成为继陆、海、空、外太空之后的"第五疆域"，是国家捍卫主权、保障安全和发展利益的重点领域。

网络空间成为大国博弈的最前沿。进入信息时代，网络能力是国家综合国力的重要组成部分，网络空间也成为大国博弈的前沿地带。西方一些国家尤以霸权护持为目标，加强网络攻防能力建设，并在全球实施大规模网络监控和网络攻击，这在"棱镜门"等事件中暴露无遗。2022年，俄乌冲突爆发，网络空间也成为冲突各方博弈的重要战场。针对关键信息基础设施的网络战不断升级，围绕关键受众的信息战如火如荼，与军事行动和经济制裁等手段相互交织，对冲突局势产生的影响不容小觑。

网络空间成为意识形态斗争的主阵地。网络空间向来是敌对势力煽动分裂颠覆的"隐秘战线"。随着大国竞争加剧，网络空间已成为意识形态斗争的主阵地。一些西方国家高举"价值观"旗帜，鼓吹网络空间的"民主威权对立"，一方面，给竞争对手贴上"科技威权主义""数字威权主义"等标签，以此推动"小院高墙"式的信息技术脱钩；另一方面，拉拢"志同道合"的盟友伙伴，打造所谓"未来互联网联盟"等排他性小圈子，抢夺网络规则制定权，谋求网络空间霸权。诸如此类，西方国家在网络空间煽动意识形态对立，欲掀起"网络冷战"，将加剧全球网络空间的分裂化、阵营化甚至军事化，不断恶化网络空间安全。

三、构建网络空间命运共同体的路径探索

构建网络空间命运共同体，必须落实习近平主席提出的"四项原则""五点主张"，坚持共商共建共享的全球治理观，推动全球网络空间合作机制建设朝着更加公正合理的方向发展。

共商网络安全治理。当前，各国利益和价值观分歧是网络空间全球治理面临的主要问题之一。部分西方发达国家拥有网络信息技术的先发优势，倡导所谓"自由开放"甚至"放任自流"的网络空间治理理念，旨在巩固其网络空间霸权地位；欧盟提出"技术主权""数字主权"，旨在维护和强化相关技术范式和标准的制定权；一些发展中国家则主张"网络主权"，旨在维护国家主权、安全和发展利益。随着信息技术的快速发展，网络空间的"全球公域"和"网络主权"双重性质日益凸显，网络安全日渐成为国际社会面临的共同挑战。国际社会亟待摒弃零和思维，完善网络空间对话协商机制，坚持对话而不对抗，共同应对网络安全挑战。

共建网络空间秩序。从构建网络空间命运共同体的目标出发，坚持真正的多边主义，携手共建国际网络空间秩序，推动网络空间全球治理体系的深刻变革。习近平主席指出："国际网络空间治理应该坚持多边参与、多方参与，发挥政府、国际组织、互联网企业、技术社群、民间机构、公民个人等各种主体作用。"因此，应当摒弃西方国家将网络空间治理条块化、排他化、阵营化的倾向，倡导建设和平、安全、开放、合作、有序的网络空间，建立多边、民主、透明的全球互联网治理体系。发挥联合国在网络空间全球治理中的主渠道作用，制定各国普遍接受的网络空间国际规则，重视发展中国家的关切和诉求，推动全球治理体系朝着更加公平合理的方向发展。同时，也要建立网络危机管理和争端解决机制，处理好网络空间冲突。

共享网络发展机遇。携手构建网络空间命运共同体，推动国际社会共享信息时代发展红利，既要加强政企间的信息技术合作，激活网信产业巨大潜能；也要兼顾效率与公平，建立互联网行业的规则规范，共同防范信息技术滥用。推动国家间信息技术合作，共享信息文明成果，推动经济全球化朝着更加开放、包容、普惠、平衡、共赢的方向发展。大力缩小全球"数字鸿沟"，助力实现联合国2030年可持续发展目标。积极建设"21世纪数字丝绸之路"，发挥网络空间互联互通、共享共治的示范效应。

综上，推动构建网络空间命运共同体，共同应对网络安全挑战，共同把握网络发展机遇，是后疫情时代全球经济社会复苏的重要助推力量，也是构建人类命运共同体的重要内容。网络空间命运共同体理念为网络空间全球治理贡献了中国智慧和中国方案。面对信息时代发展的巨大机遇，以及全球网络空间诸多严峻挑战，推动构建网络空间命运共同体，对于共创后疫情时代美好世界具有重大意义。中国始终发挥负责任大国作用，致力于同国际社会携手共商网络安全治理，共建网络空间秩序，共享网络发展机遇，共促人类命运共同体。

共同构建更加和平安全开放合作有序的网络空间

何亚非*

摘 要：当前，网络空间与物理空间高度融合，地缘政治传统安全威胁与非传统网络安全威胁相互交织，网络空间治理的国际规则仍然匮乏。中国作为联合国安理会常任理事国和网络大国，积极倡导以真正的多边主义来共同应对全球挑战，为推动建立全球互联网治理体系发挥重要作用。国际社会亟须达成共识，以全人类共同价值为指引，在联合国框架下开展有效治理，积极发挥政府、国际组织、企业、个人等多主体作用，共同构建和平、安全、开放、合作、有序的网络空间。

关键词：网络安全形势；网络空间治理；网络空间命运共同体

网络空间不仅涵盖网络基础设施和技术设备、信息流动的软件和协议，还包括数据和信息流动本身，被视为现实世界的"镜像空间"，关乎政治安全、信息安全、经济安全、社会安全、个人权利等诸多领域，且彼此交叉、跨越国界，内涵外延均呈放射性动态发展。

在全球化时代，网信技术裂变式发展强劲推动人类社会进步、经济繁荣，第四次工业革命和科学技术升级换代正进行得如火如荼。信息时代各国在政治稳定、经济发展、社会和谐等方面面临诸多风险挑战。

在百年未有之大变局背景下，随着人工智能、物联网、智能制造、大数据

---

* 何亚非系中国外交部原副部长、国务院侨办原副主任、北京大学燕京学堂徐淑希讲席教授。

等技术不断创新和相互嵌入，网络空间与物理空间高度融合，地缘政治传统安全威胁与非传统网络安全威胁相互交织，颠覆人们的安全观。俄乌冲突进一步表明，网络空间与物理空间同为重要战场，美国等对俄罗斯实施的制裁，尤其是金融制裁，凸显网络空间和信息技术的重要作用。

全球治理体系在地缘政治、病毒肆虐等冲击下已不堪重负，网络空间治理亟须以《联合国宪章》为宗旨和原则，以国际法为基础，推动全球互联网治理体系变革，共同构建和平、安全、开放、合作、有序的网络空间，建立多边、民主、透明的全球互联网治理体系。这条道路说易行难，但国际社会必须高度重视，及早达成共识，进行有效治理。

一、中国为推动建立全球互联网治理体系发挥重要作用

中国是联合国安理会常任理事国和网络大国，有着成功的国内治理经验，应积极推动构建和平、安全、开放、合作、有序的网络空间和建立多边、民主、透明的全球互联网治理体系。

习近平主席强调"没有网络安全就没有国家安全"，提出"弘扬和平、发展、公平、正义、民主、自由的全人类共同价值"，并倡导以"真正的多边主义"来处理全球事务、应对全球挑战。这些新思想将在全球治理体系重塑中发挥重要的指导作用。

从网络秩序和治理实践看，中国信息基础设施建设规模全球领先，网络空间治理能力不断提高。截至2021年12月，中国网民规模达10.32亿，建成5G基站超过142.5万个。信息技术创新能力和数字经济发展活力持续提升，中国全球创新指数排名跃至第14位，数字经济核心产业增加值占GDP比重达7.8%。数字政府服务效能显著提高，电子政务发展指数全球排名升至第45位。

中国网络空间治理形成系统性理念，颁布出台一系列法律法规。《中华人民共和国网络安全法》《中华人民共和国密码法》《中华人民共和国数据安全法》《中华人民共和国个人信息保护法》颁布后，《网络安全审查办法》也已实施。近年来，网络安全标准化在顶层设计、标准体系与效能、国际标准化方面也成绩斐然。

二、全球网络安全形势严峻复杂、风险增大

从全球网络空间国际格局、规则制定、秩序建立看，无政府、无序、缺乏规则是常态，网络安全形势严峻复杂、风险增大。

一是美西方国家处于网络空间权力架构的上端，凭借信息技术垄断和网络话语主导权，从意识形态和战略竞争出发，对中国等新兴经济体采取压制政策，对中国的网络攻击从未停止。网络科技打压同样用于欧俄、美俄、美伊（朗）博弈。俄乌冲突中，网络战一直与战争本身同步进行，是各方参与、表态、施压的重要渠道。

二是参与网络空间全球治理的主体日益多元化，政府、企业、非政府组织、行业协会、个人都是"利益攸关方"，且视时空、议题，作用各不相同。网络空间形成初期，规则制定和管理主要是网络服务提供方。随着网络空间与物理空间相融合，网络安全成为国家安全的重要组成部分。随着参与和管理的深化，政府成为网络空间主导者。然而，网络空间运营依然靠服务供应商特别是大型高科技公司，它们掌握关键技术、基础设施和软件，并通过海量数据资源参与一国乃至全球的经济、传播、社会活动。信息技术的普及使技术门槛下降、原材料唾手可得，在为民众提供便利和福祉的同时，也增加了网络安全风险，比如恐怖主义、舆论危机、网络犯罪、加密货币泛滥等。

三是网络空间多头、多点、多层、跨境的特点决定其涵盖领域广泛。信息技术、大数据、产业政策、网络安全、人工智能都与各国政治、经济、军事、传播能力密切相关。如果网络空间无政府、无序状态持续下去，不仅国际社会难以开展合作，而且极易"滚雪球"般地触发政治、经济、军事冲突。

三、携手构建网络空间命运共同体

国际社会就建立网络空间秩序和相应规则做了尝试，形成了一些成果，但终因地缘政治、大国竞争、网络空间覆盖面广、参与方众多、网络攻击难以溯源、缺乏有效执行监督机制等原因，建立网络空间全球治理体系和新秩序难以落地。

2010年至今，联合国信息安全部门及其专家委员会就网络空间治理提出多份报告，强调网络安全，明确网络主权原则。2015年，联合国大会制定十一大类非约束性、自愿的网络空间规则。然而，这些文件只具有道义约束力，未成为具有法律约束力的治理规则。

国际社会亟须认清网络空间全球治理匮乏的现实和风险，可考虑以下行动。

一是以全人类共同价值为指引，坚持真正多边主义，排除地缘政治干扰，克服意识形态偏见，加强大国协商与协调，积极推进网络空间全球治理的规则制定、体系和秩序建设。加强全球、区域、次区域以及专门领域一轨、二轨对话与谈判，达成建立网络空间规则的共识，以共建互联互通、共享共治、清朗友善的全球网络空间秩序。

大国合作是关键、大国共识是基础。可考虑与联合国、G20、亚太经合组织、东盟10＋1（＋3）等国际、区域、次区域组织合作，增加和强化网络空间议题，调动网络空间专门机构积极性，从战略、技术、安全、社会等诸多方面探讨建立网络空间治理规则与标准。

中美在网络空间要加强沟通，通过对话增进了解与合作，加强网络空间冲突预防与危机管控。当前，两国在网络治理、打击网络犯罪、促进数字经济合作等方面需求不断增加。中俄在网络空间包括网络安全上主张相近，强调网络主权，应保持合作与沟通机制化。中欧网络空间理念虽有差异，但合作需求"波浪式"发展，宜结合自由贸易、供应链安全、疫情防控等共同利益诉求，合作制定规则、达成共识。

二是充分发挥以联合国为核心的国际机构的平台与桥梁作用，努力在全球、区域、次区域和专业层面建立包容、平衡、非意识形态化的新平台，在网络空间规则制定产生初步成果基础上，结合网络空间和信息技术新形势、新特点，尝试形成和固化已有共识的网络空间治理框架和规则，为达成有约束力、可执行、可监督的网络空间国际条约奠定基础。

2015年联合国大会确立的原则意见以及专家委员会多份报告是网络空间全球治理的良好开端，有了规则，对相关各方遵守规则、承担责任就有了共识和期待。当然，规则制定不可能一蹴而就，在复杂敏感的网络空间尤其如此。

这些困难其实是制定网络空间规则、建立秩序的动力。缺乏规则、无政府、无序的网络空间危险性、破坏力巨大，没有哪个国家可以独善其身。以核武器军备控制和防扩散为例，核武器诞生时，各国对其可能毁灭人类十分恐惧。核武器作为战略威慑难以销毁，于是各国迎难而上，自第一颗核武器在日本爆炸以来，历经20多年艰苦卓绝谈判，终于达成《部分禁止核试验条约》和《核不扩散条约》，建立了全球核武器军备控制和防扩散机制。虽然屡有违反，但至今还是国际社会在该领域进行全球治理的框架。

2020年，中国提出《全球数据安全倡议》，强调各国增强沟通，建立互信，以共谋数字治理之道。该倡议在国际社会赢得广泛支持，并与阿拉伯国家、俄罗斯达成合作意向。未来可推动倡议具体化，形成可行的数据安全保障机制，推动建立全球数字治理规则。

三是非国家行为体特别是高科技企业，已成为网络空间及该领域治理重要参与方。新冠疫情持续至今，人们的生活方式和生产方式都发生了深刻变化。随着物理世界与网络空间日益融合，网络空间利用率和影响力日益凸显。政府主导趋势不仅没有改变，甚至还在加强。同时，高科技企业、非政府组织乃至个人等非国家行为体、非政府行为体，都深入参与到各国人民的经济、政治、文化和日常生活之中。高科技公司掌握先进的信息技术、海量数据，网络空间影响力难以估量，其参与网络空间全球治理，包括对网络空间规则和技术标准制定所起的作用不容小觑。各国网民数量巨大，他们在网络空间规则制定方面同样具有重要作用。在网络空间覆盖面空前扩大的今天，任何网络空间全球治理规则的制定与体系建设都离不开网民参与。

四是构建和平、安全、开放、合作、有序的网络空间和建立多边、民主、透明的全球互联网治理体系，需要新思想、新理念、新路径。在这方面，有关非政府组织和智库可以发挥重要作用。要努力创新、解放思想，建立和做强中国网络空间非政府国际组织和智库，多出台网络空间健康有序发展的新方案，并以相互尊重、共享成果为原则，增强与他国网络空间非政府组织和智库合作，形成网络空间国际规则制定、治理体系建设、网络秩序形成的思想基础。

习近平主席指出，"这是一个需要理论而且一定能够产生理论的时代，这是一个需要思想而且一定能够产生思想的时代"。网络空间非政府组织和智库参与网络全球治理和规则制定，有助于形成网络空间治理相关理论系统化，进而为网络空间全球治理、国际秩序建设提供理论支撑，推动国际社会形成优化网络空间的观念合力。

五是鉴于网络安全对国家安全的至关重要性，国际社会有必要先集中解决一些威胁人类生存的网络空间难题，特别是网络安全中对网络攻击构成战争行为的界定。目前，各国对此有不同解释，各国亟须就此进行对话和谈判，以尝试达成共识，防止发生意外，避免产生网络空间"黑天鹅"和"灰犀牛"事件，并演变成为全球网络空间危机。

当前错综复杂、严峻危险的网络空间现实与治理赤字，需要各国、国际组织、企业、个人等网络空间参与主体齐心协力，共同应对。中国作为联合国安理会常任理事国和网络大国，将积极作为，倡导"求同存异、休戚与共、平等尊重"，与各国加强沟通与合作，探寻网络空间治理新思想、新理念、新模式，携手构建网络空间命运共同体。

网络空间全球治理的中国作为

徐　坚　凌胜利[*]

摘　要： 在百年变局与世纪疫情叠加冲击下，网络空间全球治理面临的不平衡性、持续性、差异性、竞争性等问题日益凸显，迫切需要国际社会增强治理共识，加强协调合作，携手构建网络空间命运共同体。作为负责任大国，中国有序推进网络空间合作，在国际协调、数字经济、网络安全、网络基础设施建设、网络空间规则制定等方面积极践行中国路径，推动构建更加公平合理、开放包容、安全稳定、富有生机活力的网络空间。

关键词： 网络空间治理；国际合作；中国路径；网络空间命运共同体

当今世界正处于百年未有之大变局中，网络空间日益成为全球治理的重要领域，深刻影响着各国政治、经济和社会等方方面面。中国作为网络空间领域中负责任的大国，不断倡导中国理念，践行中国路径，持续推动网络空间命运共同体的构建。

一、网络空间全球治理的现状与形势

习近平主席指出，互联网领域发展不平衡、规则不健全、秩序不合理等问

---

* 徐坚系外交学院原院长、研究员；凌胜利系外交学院国际关系研究所副所长、副教授。

题日益凸显。当今世界正面临百年未有之大变局，为网络空间全球治理带来了机遇与挑战。网络空间不断发展，已经成为全球治理的重要领域，加强相关治理尤为重要。然而，不同国家和地区信息鸿沟不断加大，现有网络空间治理规则难以反映大多数国家的意愿和利益，网络空间全球治理面临不平衡性、持续性、差异性、竞争性等问题。

一是网络空间全球治理的不平衡性。受经济发展程度、技术发展水平等差异的影响，网络空间全球治理的不平衡性日益凸显。在根服务器的分配、网络普及率、网络基础设施水平等方面，发达国家和发展中国家之间的不平衡性正深刻影响着网络空间全球治理的进程。一方面，发达国家意图长期占有网络空间资源使用的优先权；另一方面，发展中国家希望逐渐改善自身的网络空间权益，更好地利用网络空间发展的便利。鉴于这种不平衡性可能长期存在，需要在网络空间全球治理中综合考量，特别是需要考虑相对稀缺的网络空间资源分配引发的难题。

二是网络空间全球治理的持续性。网络空间具有很强的技术性，且处在不断演变的过程中，网络空间与物理空间的虚实结合既给人类社会带来了诸多便利，也引发了多种网络空间问题。首先，网络空间治理的国际规则相对匮乏，国际共识程度有限，使得网络空间全球治理并非完全有规可依，甚至有时要在探索中前行。网络立法滞后于网络技术发展，技术的快速发展与立法工作的相对迟缓之间的矛盾日益显现。由于各国网络空间发展水平不同，网络空间规则的匮乏也使得网络空间全球治理短时期内难以完善。其次，网络空间技术不断发展，各国网络空间实力保持动态演变，网络空间全球治理的权力基础尚未固化成型。无论是大国还是大型跨国公司，乃至一些拥有超强网络空间技术或资源的个人，在网络空间全球治理之中都可以发挥作用。最后，网络空间的新问题层出不穷，因而网络空间全球治理需要与时俱进。例如，在新冠疫情期间，网络既给疫情防控和生产生活带来了便利与帮助，但也引发了公众对个人信息、数据安全等问题的担忧。随着网络空间技术的发展，网络犯罪、网络安全、网络经济等各种问题将不断凸显，网络空间治理的需求也更加强烈。

三是网络空间全球治理的差异性。全球网络空间的发展存在技术鸿沟，使得不同地区和国家的治理诉求存在差异。具体而言，中国、美国、欧盟等在全球网络空间的技术和基础设施建设方面走在前列，亚洲、非洲等地区的广大发展中国家在网络空间领域的建设相对落后。各方处于网络空间技术发展的不同阶段，基于不同的网络空间资源，对于网络空间治理的原则、规则、模式等认知不一。因此，网络空间全球治理的共识需要进一步增强。发达国家需要帮助发展中国家加强网络空间基础设施建设，逐步解决网络空间的数字鸿沟与信息技术发展不平衡不充分的问题，努力降低网络空间差异引发负面影响的可能性，促进国家之间、地区之间、代际之间的网络空间治理更加公平正义。

四是网络空间全球治理的竞争性。随着网络技术对国际关系的影响不断加深，世界主要大国日益重视网络空间。基于网络霸权维护的需要，美国特别注重网络空间的主导权维护。从网络技术到网络规则，美国都想方设法强化自身优势。中美俄欧等国家和地区是影响网络空间全球治理的重要力量。美欧虽然不乏共识，但欧盟的首要利益是维护自身在网络空间的战略自主性，因而对于美国的网络空间治理主张并非完全追随，甚至长期存在对抗与竞争。展望未来，网络空间全球治理离不开大国之间的协调与合作，缓解大国之间的网络空间治理竞争性已成为当务之急。

二、践行网络空间全球治理的中国理念

面对网络空间全球治理复杂多变的新形势，一系列"中国理念"被不断提出，其中最为瞩目的是"网络空间命运共同体"。2015年，习近平主席在第二届世界互联网大会上首次提出"构建网络空间命运共同体"，倡导国际社会应该在相互尊重、相互信任的基础上，加强对话合作，推动全球互联网治理体系变革，共同构建和平、安全、开放、合作的网络空间，建立多边、民主、透明的全球互联网治理体系。自此，构建网络空间命运共同体成为中国推进网络空间全球治理的重要理念，持续指导中国参与网络空间治理实践。要坚持尊重网络主权，秉持合理的网络空间治理原则，不断推进构建网络空间命运共同体。

一是强调网络主权的重要性。2015年，习近平主席在第二届世界互联网大会开幕式上发表讲话，强调要尊重网络主权。尊重各国自主选择网络发展道路、网络管理模式、互联网公共政策和平等参与国际网络空间治理的权利，不搞网络霸权，不干涉他国内政，不从事、纵容或支持危害他国国家安全的网络活动。中国之所以要旗帜鲜明地表明强调网络主权，实际上代表了广大发展中国家的诉求。发展中国家由于网络空间技术和网络基础设施普遍落后，面临着一些国家和组织的网络霸权主义威胁。强调网络主权有助于维护广大发展中国家的利益，保障发展中国家在网络空间的后续发展空间。

二是强调网络空间治理的公平正义。习近平主席强调，构建互联网治理体系，促进公平正义。中国主张网络空间全球治理应该坚持多边主义原则，让政府、国际组织、互联网企业、技术社群、民间机构、公民个人等各个主体都发挥作用。网络空间全球治理体系需更加公正合理，更为平衡地反映大多数国家的意愿和利益。长期以来，网络空间全球治理与网络空间技术密切相关，技术强弱对各国的网络空间权利具有重要影响，在数字鸿沟短期难以弥合的情况下促进网络空间治理的公平正义极具挑战，需要国际社会的共同努力。

三是强调共同治理的理念。参与网络空间全球治理是中国参与全球治理的重要组成部分，也体现了中国共商共建共享的新型全球治理观。中国一贯倡导网络空间共同治理的理念，历来注重网络空间合作，突出网络空间治理的共同性。2014年举办的首届世界互联网大会以"互联互通 共享共治"为主题，前瞻性地回应了国际社会对网络空间面临重大问题的共同关注。在2017年第四届世界互联网大会上，习近平主席在贺信中指出，全球互联网治理体系变革进入关键时期，构建网络空间命运共同体日益成为国际社会的广泛共识。2018年，习近平主席在致第五届世界互联网大会的贺信中强调，"世界各国虽然国情不同、互联网发展阶段不同、面临的现实挑战不同，但推动数字经济发展的愿望相同、应对网络安全挑战的利益相同、加强网络空间治理的需求相同。各国应该深化务实合作，以共进为动力、以共赢为目标，走出一条互信共治之路，让网络空间命运共同体更具生机活力"。

三、推进网络空间全球治理的中国路径

网络空间全球治理正处在"建章立制"的关键阶段,中国在其中发挥了负责任大国的重要作用。通过有序推进网络空间合作,不断践行网络空间治理的中国路径,为构建网络空间命运共同体作出贡献。

一是加强国际协调。纵观全球治理的发展历程,国际协调至关重要。国际关系尤其是大国之间的关系在很大程度上决定了全球治理的权力基础,国际协调在很大程度上体现了治理的领导力,能够缓解全球治理的集体行动困境。在网络空间全球治理领域,中美俄欧等主要大国和地区之间的协调尤为重要。无论是在战略层面还是战术需求层面,各方都有展开合作的必要性和可能性。维护网络空间稳定与促进网络空间发展符合各国的共同利益,应对共同的非传统安全威胁是各国的共同责任,各国在技术和经济领域也存在较强的互补性和依存性。通过加强国际协调,可以增强网络空间全球治理的领导力,促进网络空间治理的发展。

二是加强数字经济合作。2020年以来,新冠疫情对全球经济产生了重大冲击,各国经济深受重创,主要大国经济复苏乏力。尽早实现经济复苏是世界各国的当务之急。近年来,数字经济的快速发展已经成为世界经济增长的新动能。全球金融、能源、高端制造、智慧城市以及新型基础设施建设都离不开数字技术的赋能。在数字经济领域加强合作,不仅可以降低网络空间生产的脆弱性,更是推动全球经济复苏的重要动力。为此,需要改善网络空间的供应链等问题,在跨境数据流动方面完善规则,切实加强各国之间的数字经济合作。

三是加强网络安全合作。网络安全合作涉及从打击网络犯罪到维护网络空间战略稳定等多个层面。首先,在打击网络诈骗、网络黑客、网络色情传播等网络犯罪方面,各国存在较大的合作基础,能够逐渐积累网络安全合作的经验与信任。其次,在网络攻击方面要形成互不攻击的共识。由于在网络空间中的行为主体具有匿名性和难以溯源性等特点,很难区分相关恶意行为的真正实施主体。正是基于网络空间的这些显著特点,任何一个国家都很难单独应对网络

空间安全威胁，确立互不进行网络攻击的原则至关重要。再次，要维护网络空间战略稳定。网络空间既具有虚拟性，也和物理空间紧密联系。维护网络空间战略稳定，需建立网络安全预防、稳定和信任机制，以在危机和冲突过程中可以有效控制，避免破坏稳定。

四是加强网络基础设施建设。网络空间全球治理面临的数字鸿沟问题需要逐步解决，让广大发展中国家更多受益，真正推动网络空间命运共同体的实现。习近平主席在第二届世界互联网大会开幕式上的讲话中指出："网络的本质在于互联，信息的价值在于互通。只有加强信息基础设施建设，铺就信息畅通之路，不断缩小不同国家、地区、人群间的信息鸿沟，才能让信息资源充分涌流。"因此，国际社会要加大对全球网络基础设施建设的资金投入，帮助发展中国家改善网络基础设施，让发展中国家能够更加公平地参与网络空间全球治理。

五是完善网络空间规则制定。网络空间技术的不断发展，使得网络空间治理的规则需要不断完善。目前，国际社会在网络空间治理规则方面的进展比较缓慢，尚不具备有效监督网络行为和强制执行的能力，造成网络空间国际规范存在技术与法律等方面的障碍。鉴于各国利益诉求以及网络技术发展水平等方面的差异性，国际社会网络空间治理规则的制定推进需要循序渐进。在防范网络恐怖主义、打击网络犯罪等全球公共问题上寻求突破口，不断积累网络空间治理的经验与共识。此外，也可以推动双边、地区网络空间治理规则在更大空间实施。总之，网络空间全球治理任重道远，变"规则之争"为"规则共识"仍然需要经历漫长过程。

构建网络空间命运共同体的紧迫性与路径探析

郎 平[*]

摘 要： 当前，世界正处于大发展大变革大调整时期，数字革命和产业变革蓄势待发，网络空间国际规则的缺失与日益尖锐的地缘政治冲突交织在一起，携手构建网络空间命运共同体是数字时代推进网络空间国际治理的重要路径。要实现携手构建网络空间命运共同体的目标，首先应以实际行动践行共商共建共享的全球治理观，增进国家间互信，逐步树立起网络空间命运共同体意识；其次应坚持共同、综合、合作、可持续的全球安全观，以分类施策、灵活包容的方式应对网络空间的安全风险和安全困境；再次应坚持以人为本，以包容普惠的发展理念与世界各国人民共享数字红利。

关键词： 网络空间命运共同体；世界互联网大会；网络空间国际秩序

2015年，中国国家主席习近平在第二届世界互联网大会首次提出"构建网络空间命运共同体"，深入阐释互联网发展治理的"四项原则""五点主张"，得到国际社会的广泛认同。2021年9月，在新冠疫情全球大流行之际，世界互联网大会首次开展"携手构建网络空间命运共同体实践案例"征集活动，得到国际社会的积极响应，体现出各方力量对推动建设新型国际关系、构建网络空间命运共同体的重视。2022年7月，世界互联网大会国际组织成立，习近平主席在

---

[*] 郎平系中国社会科学院世界经济与政治研究所研究员。

贺信中指出，希望世界互联网大会坚持高起点谋划、高标准建设、高水平推进，以对话交流促进共商，以务实合作推动共享，为全球互联网发展治理贡献智慧和力量。在世界正处于大发展大变革大调整、数字革命和产业变革蓄势待发的当下，构建网络空间命运共同体的任务愈发紧迫，迫切需要探究其形成的必要性和路径，预判构建中的相应挑战。

一、构建网络空间命运共同体的重要性和紧迫性

首先，网络空间安全风险仍不断加剧。互联网在设计之初，采用的全球通用技术体系和标准化的协议虽然保证了异构设备和接入环境的互联互通，但这种开放性也使得安全漏洞更容易被利用，而联通性也为攻击带来了更大的便利。疫情期间各种在线活动增加更是助长了网络攻击等犯罪活动，垃圾邮件、路由劫持、DDoS攻击、零日漏洞、勒索软件攻击等恶意网络活动与日俱增，对国家安全特别是关键基础设施安全带来了极大威胁。勒索软件在2020年进入最兴盛的突变元年，攻击规模和频率以惊人的速度增长，给企业带来极大损失。2020年4月，世界卫生组织发出警告，其遭受的网络攻击是2019年同期的五倍。[1]

其次，网络空间安全态势持续恶化。随着网络空间安全风险的加大，网络空间的军事化进程明显加快，网络安全困境加剧。一方面，面对日益增加的网络安全威胁，世界主要国家纷纷制定了网络空间安全战略，以保障国家的网络安全；另一方面，由于网络攻击的匿名性、低门槛、低成本等特征，网络攻击成为某些国家实现其政治、经济和军事目标的重要手段。美军在过去几年中更是提出了"持续交手""前置防御""分层威慑"和"前沿追捕"的进攻性网络空间安全战略，无不显示美国正将网络空间作战视为国家间政治和军事对抗的合法手段。在大国竞争日益激烈的背景下，如果不能尽快达成某些具有约束力的国际规则，网络空间引发国家间军事冲突的风险将空前增加。

---

1 WHO, "WHO reports fivefold increase in cyber attacks, urges vigilance", 2020–04–23, https://www.who.int/news/item/23-04-2020-who-reports-fivefold-increase-in-cyber-attacks-urges-vigilance.

再次，网络空间正在成为大国竞争和抢占国际话语权的新高地。全球蔓延的新冠疫情使世界经济形势更加复杂严峻，但也可能加速人类从工业时代迈入数字时代的步伐。全球数字经济在逆势中实现平稳发展。2020年，世界主要国家的数字经济增加值规模达到32.6万亿美元，同比名义增长3.0%，占GDP比重43.7%。[1]与百年未有大变局背景相叠加，数字经济在世界各国的战略重要性大大提升，这也意味着网络空间的大国竞争将更加激烈。主要表现在三个层面：一是围绕人工智能、大数据、量子计算等创新性技术的科技竞争；二是围绕数据安全和跨境数据流动规则制定而展开的博弈；三是互联网基础资源的有限性与数字经济发展对数字地址和域名日益增大的需求之间的矛盾，很可能在未来加剧大国在互联网基础资源领域的争夺和冲突。

最后，颠覆性技术的发展对人类文明造成的潜在风险上升。随着互联网应用和服务逐步向大智移云、万物互联和天地一体的方向演进，如元宇宙、Web 3.0等新一代技术正在成为引领科技创新的关键力量。然而，一些颠覆性技术理论尚不完善或技术本身存在安全缺陷，在应用过程中很容易引发新的安全风险，特别是当蕴含巨大破坏力的颠覆性技术应用在军事领域，必然会对人类带来新的战争威胁。例如，人工智能在军事领域的应用将会在很大程度上改写战争的"中枢神经系统"，对战争造成重大而深远的影响。但无论在技术和安全层面，还是在伦理法律和战略层面，人工智能技术都还存在失控的安全风险。[2]在此背景下，国际安全格局的力量结构面临着重新调试，大国将围绕致命性自主武器等新安全风险的国际规范制定展开新一轮的博弈。

二、构建网络空间命运共同体的内涵与路径

构建网络空间命运共同体，就是要在平等开放与合作共赢的基础上，推进各方在网络空间实现更紧密的合作，形成"你中有我、我中有你"的国际合作新格局。网络空间命运共同体的内涵和目标，如《携手构建网络空间命运共

1　中国信息通信研究院：《全球数字经济白皮书——疫情冲击下的复苏新曙光》，2021年8月。

2　郎平：《互联网如何改变国际关系》，载《国际政治科学》，2021年第2期。

同体》概念文件所指出："就是要把网络空间建设成造福全人类的发展共同体、安全共同体、责任共同体、利益共同体。我们倡议世界各国政府和人民顺应信息时代潮流，把握数字化、网络化、智能化发展契机，积极应对网络空间风险挑战，实现发展共同推进、安全共同维护、治理共同参与、成果共同分享。"[1]

构建网络空间命运共同体的内涵包含了两对关键词：发展和安全、责任和利益。第一对关键词强调了构建网络空间命运共同体的两大支柱，即实现共同发展和共同安全。维护本国的发展利益和安全利益是国家开展对外合作的两大根本目标，前者在网络空间主要表现为推动数字经济发展和数字红利普惠共享，这在疫情肆虐的当下是所有经济体的共同愿景；后者则主要表现为共同打击网络犯罪和网络恐怖主义，反对网络空间军备竞赛，打造一个和平、安全的网络空间。在以开放、共享为主要特征的数字环境下，无论是追求数字红利还是寻求网络空间安全，其本质上都具有共同属性，不可能靠一个国家的力量单独完成。就两者之间的关系而言，发展和安全是相辅相成的，安全是发展的前提，发展是安全的保障，安全和发展要同步推进。[2]构建网络空间命运共同体也是如此，不可能只追求数字红利而不顾网络安全。如果外部安全环境得不到保障，数字经济的红利也不可能实现。

第二对关键词强调了国家权利和国际义务的辩证统一。在无政府状态的世界中，国家利益是国家制定和实施对外战略的基础与出发点，国家行为体参与国际合作的根本出发点是维护国家利益，参与网络空间的国际合作也不例外。然而，如果国家一味追求本国数字红利和网络安全利益的最大化而不承担维护网络空间和平、安全、开放、合作、有序的责任，忽视或伤害了其他国家的利益，那么网络空间命运共同体也不可能实现。与其他领域不同，在"你中有我、我中有你"的网络空间，各国保障自身的权利与履行应有的义务只能通过国际合作来实现，而一味地奉行单边主义、先发制人和霸权主义只会加剧本国面临的网络安全困境，最终危及国家自身的安全和发展。

1　世界互联网大会组委会：《携手构建网络空间命运共同体》概念文件，2019年10月16日，http://www.cac.gov.cn/2019-10/16/c_1572757003996520.htm。

2　《习近平在网信工作座谈会上的讲话》，2016年4月19日，http://www.xinhuanet.com/politics/2016-04/25/c_1118731175.htm。

如何实现携手构建网络空间命运共同体的目标？习近平主席2015年提出"五点主张"[1]，分别从基础设施建设、文化交流互鉴、经济创新、网络安全和国际治理五个具体的领域和维度指出了构建网络空间命运共同体的"五大支柱"；2017年12月，习近平主席在致第四届世界互联网大会的贺信中提出，"希望同国际社会一道，尊重网络主权，发扬伙伴精神，大家的事由大家商量着办，做到发展共同推进、安全共同维护、治理共同参与、成果共同分享"[2]，指明了网络空间全球治理需遵循的路径——即大家的事由大家商量着办，做到"四个共同"。简言之，构建网络空间命运共同体就是要在"四个共同"的基础上切实推进"五大支柱"的建设，实现网络空间的"平等尊重、创新发展、开放共享、安全有序"。

第一，以实际行动践行共商共建共享的全球治理观，增进国家间互信，逐步树立起网络空间命运共同体意识。从世界看中国，对我国倡导的网络空间命运共同体理念最好的诠释是行动，特别是能够体现全球各方共同利益的实践。在2021年世界互联网大会组委会评选出的精品实践案例中，"世界电子贸易平台""全球博物馆珍藏展示在线接力""跨国工作组共同制定域名根服务器中文字符生成规则"等案例都突出了让数字技术造福世界各国人民的主旨，凸显了构建人类命运共同体的核心内核。这些成功案例揭示出构建网络空间命运共同体的一条重要路径，即在无政府状态的世界，在尊重各国核心利益的基础上，还有很多全球性问题需要站在全人类的立场上提出解决方案，而不是狭隘地在意本国相对收益得失，特别是在网络空间这个超越国家边界的虚拟空间。只有以实际行动弘扬和平、发展、公平、正义、民主和自由的全人类共同价值才能得到世界各国人民的认同，逐步增进各国各方的信任，才能逐步消解那些以牺牲他国利益、损害他国安全来追求本国利益所造成的国际安全困境，才能在应对风险、挑战或冲突时以合作的态度来同舟共济，推动构建新型国际关系。

1　《习近平在第二届世界互联网大会开幕式上的讲话》，2015年12月16日，http://www.xinhuanet.com/politics/2015-12/16/c_1117481089.htm。

2　《习近平致信祝贺第四届世界互联网大会开幕》，2017年12月3日，http://www.cac.gov.cn/2017-12/03/c_1122050292.htm。

第二，坚持共同、综合、合作、可持续的全球安全观，以分类施策、灵活包容的方式来应对网络空间的安全风险和安全困境。网络空间安全按照威胁的来源可以分为两类[1]：一类是源于网络空间技术特性的无意安全威胁，即不带有主观意图而是因客观上的疏漏、缺陷等风险源造成的威胁；另一类是网络空间陷入安全困境而产生的有意安全威胁，即带有主观胁迫或侵害意图的威胁。其中，前者是全球面临的共同安全威胁，需要在全球层面加强各利益相关方的协同合作，走工程技术路线，建立可持续的安全应对机制；后者是国家之间相互施加的安全威胁，网络空间的不确定性和不可知性加深了国家在网络空间的不安全感，促使国家不自觉地增加安全投入来趋近绝对安全，最终陷入安全困境。对于后者，应采用灵活包容的方式分类施策：一是加强国家间冲突管控，通过沟通和对话增进互信，避免误判；二是通过加强网络安全领域合作，将潜在竞争与对抗逐步转化为制度合作乃至善意合作，从而最终共同构建网络空间安全共同体。

第三，坚持以人为本，以包容普惠的发展理念与世界各国人民共享数字红利。近年来，数字技术快速创新，日益融入经济社会发展各领域全过程，数字经济发展速度之快、辐射范围之广、影响程度之深前所未有，特别是新冠疫情暴发以来，数字技术、数字经济在帮助世界各国人民抗击新冠疫情、恢复生产生活方面发挥了重要作用。作为数字技术发展的内生动力，开放和包容是数字经济发展的应有之义。坚持以人为本、科技向善，缩小数字鸿沟，让中小微企业和弱势群体更多从数字经济发展中获益，推动落实联合国2030年可持续发展议程，是全世界人民的共同愿景，理应得到各国各方的认同。但是，在无政府状态的世界里，即使面对共同利益，国家之间也常常会因为利益分配、相对收益大小以及成本和责任等问题为合作设限，从而借机获得更大的比较优势和竞争优势。为了更好地构建网络空间的发展共同体，一方面，国际社会应坚持多边参与、多方参与，尽可能发挥各国各方的积极性和创造性，让发展的成果惠及更广泛的人群，争取绝对收益的最大公约数；另一方面，大国应在加快全球信息基础设施建设、推动数字经济创新发展、提升公共服务水平、弥合数字

1　张宇燕、冯维江：《新时代国家安全学论纲》，载《中国社会科学》，2021年第7期。

鸿沟等方面承担更大的责任和义务，避免相对收益之争成为命运共同体建设的绊脚石。

三、结语

进入新时代，构建人类命运共同体成为引领时代潮流和人类前进方向的鲜明旗帜。作为人类命运共同体理念在网络空间的延伸和实践，构建网络空间命运共同体是一项长期的历史任务，既不可能一蹴而就，也不可能一帆风顺。在数字技术加速创新和国际格局变迁的时代背景下，构建网络空间命运共同体还面临着诸多挑战，特别是如何平衡国家利益与国际利益、统筹发展和安全的关系，这不仅需要科技企业、非政府组织、学术界等多利益相关方的充分参与，更需要国际社会能够摒弃冷战思维，放下一己私利，以通力合作应对共同挑战。

第二章

发展共同推进

推动"数字丝路"高质量发展
构建全球数字合作新格局

刘　华　南　隽　何慧媛[*]

摘　要：在百年未有之大变局下，"数字丝绸之路"成为"一带一路"高质量发展的重要引擎，数字合作为共建"一带一路"国家和地区经济社会共同发展带来新的战略机遇与合作需求。推动"数字丝绸之路"深入发展需要同舟共济。面对数字鸿沟扩大、数据安全风险加剧、网络人才支撑不足等问题和挑战，中国通过共建信息基础设施、推动信息共享、促进信息技术合作、推进互联网经贸服务和加强人文交流等，全面加强与共建"一带一路"国家和地区的连接，密切经济合作关系，携手共建网络空间命运共同体。

关键词：数字丝绸之路；数字合作；网络空间命运共同体

伴随数字经济和数字技术高速发展，"数字丝绸之路"赋予"一带一路"崭新内涵，成为"一带一路"高质量发展的重要引擎。2021年11月，习近平主席在第三次"一带一路"建设座谈会上强调，"要稳妥开展健康、绿色、数字、创新等新领域合作，培育合作新增长点""要深化数字领域合作，发展

---

* 刘华系新华社研究院外联室主任、副译审；南隽系新华社研究院全媒室副主任、主任编辑；何慧媛系新华社研究院全媒室编辑。

'丝路电商'，构建数字合作格局"[1]。为贯彻新发展理念，持续推动共建"一带一路"高质量发展、深化数字合作，充分认识"数字丝绸之路"建设面临的战略机遇与问题挑战，推进战略、规划、机制对接，加强政策、规则、标准联通，不断探索"一带一路"数字领域合作发展的新路径，意义重大。

一、百年未有之大变局下"数字丝绸之路"建设的战略机遇

全球数字化与数字全球化为创新发展提供了新动力，"连接""融合""一体化"作为数字化的关键词，在引领国际区域合作模式创新的同时，也推动"一带一路"进入新发展阶段。作为产业升级的"加速器"、应对疫情冲击的"减震器"，数字领域合作正为共建"一带一路"国家与地区经济社会共同发展带来新的战略机遇与合作需求。

（一）数字基础设施建设有力提升"一带一路"发展动能

大规模传统基础设施建设项目曾是"一带一路"的重点。近年来，数字基础设施建设日益成为"一带一路"发展的重要环节，关键性的互联网基础设施相继落地。"一带一路"数字交通走廊和跨境光缆信息通道加快建设。在海缆建设方面，"亚非欧1号"洲际海底光缆标志性项目投入运营；在陆缆建设方面，已依托运营商之间合作，构建大量跨境光缆；在新基建方面，数据中心、云计算中心等也有一些布局，中国—东盟信息港、中阿网上丝绸之路全面推进，数字丝路地球大数据平台实现多语言数据共享。面对部分共建"一带一路"国家数字基础设施较为薄弱的现状，"数字丝绸之路"建设通过经验分享、数字基建合作等方式，因地制宜，探索具体的合作方式，助力共建国家提升数字基础设施建设，为其提供广阔发展空间。

---

1 《习近平在第三次"一带一路"建设座谈会上强调 以高标准可持续惠民生为目标 继续推动共建"一带一路"高质量发展 韩正主持》，载《人民日报》，2021年11月20日。

（二）数字经济新业态成为疫后推动经济复苏关键引擎

数字经济是全球未来的发展方向，共建"一带一路"国家与地区有着迫切的数字发展愿景和动力。公开报道显示，东盟很多国家提出了面向2030年、2035年的数字经济发展规划，按照世界银行预测，2025年东盟数字经济的市场规模将达到3000亿美元。新冠疫情下，数字经济为世界经济复苏和发展提供了积极变量，5G、人工智能、智慧城市等新技术新业态新平台兴起，网上购物、远程医疗、在线教育、跨境物流、协同办公等"非接触经济"全面提速，为共建"一带一路"提供了新的发展契机。

（三）构建数字经济全球治理规则体系正当其时

面对全球治理体系的剧烈变革和新冠疫情的冲击，数字技术与互联网媒介深度融合，促使数字空间中不同群体、个体间实现前所未有的连接，网络空间命运共同体拓展了人类命运共同体的构建路径，有利于缓解人类现实社会的张力，维护世界的和平与发展。同时，数字治理涉及数据资源开发利用、隐私保护、跨境数据流动、域外管辖权、网络安全、平台责任与平台治理等众多议题，目前，全球范围内尚未形成统一的数字经济治理规则体系，大量数字治理规则仍处于空白。中国是数字经济大国，也是数字贸易大国，正崛起成为推动网络空间治理良性变革的关键力量，推进"数字丝绸之路"建设具备良好的产业基础和巨大的市场空间，推动构建适合"一带一路"数字经济发展的规则框架也正当其时。

二、"数字丝绸之路"建设面临的问题挑战

"数字丝绸之路"自实施以来取得了大量实质性进展，但在积极参与推动合作的同时，也需加强风险评估管理。面对全球数字经济治理出现分歧、局面日益复杂的形势，中国需要与共建"一带一路"国家和地区同舟共济，为数字经济的全球发展勾画"治理蓝图"，为共建网络空间命运共同体贡献力量。

（一）数字鸿沟问题挤压"数字丝绸之路"发展空间

目前，共建"一带一路"国家和地区仍处于数字化转型期。受资源禀赋、宗教文化、地理区位等因素影响，部分国家数字化基础设施较为薄弱、互联网普及率处于较低水平，数字经济服务尚未普及，难以在软硬件层面形成有效的互联互通。数字技术接入和应用的双重鸿沟严重制约"数字丝绸之路"的全面发展和成果共享。具有技术优势的国家和地区的快速发展有可能进一步加剧地区间数字经济发展不平衡，带来更大的数字鸿沟，不利于共享数字经济发展成果。

（二）数据安全问题削弱"数字丝绸之路"共识基础

根据世界经济论坛发布的《全球风险报告》，网络攻击、数据安全、数字权力的聚集和数字化不平等成为全球高发安全风险。共建"一带一路"国家和地区在推动"数字丝绸之路"建设中带动的海量数据流和信息流，催生大量非传统安全问题。目前关于网络空间治理、隐私保护、数字知识产权相关法律法规的立法程度不一、权责不明，网络安全和数据安全保障水平良莠不齐，给建立数据互联互通带来诸多安全方面的信任危机。网络数据既涵盖国家安全，又涉及商业利益。随着"一带一路"倡议持续深化，对数据安全提出更高要求。

（三）数字经济政治化影响"数字丝绸之路"建设效率

随着信息和通信技术的发展，互联网影响到各国文化和生活的方方面面，对国家利益的追求和保护也延伸至网络空间。虽然"数字丝绸之路"因其开放性、普惠性而得到共建"一带一路"国家广泛的响应和欢迎，但近年来个别国家以国家安全和外交利益为由，将有竞争力的中国企业与机构列入出口管制清单，人为设置贸易壁垒，尝试利用"替代性选择"遏制"数字丝绸之路"的拓展，阻碍共建"一带一路"国家获得便捷实惠的数字基础设施。

（四）人才支撑不足阻碍"数字丝绸之路"高质量发展

部分共建"一带一路"国家和地区数字化产业发展的人才支撑力度不足，

缺乏能够对外畅通交流与合作的复合型人才，这成为制约数字合作的瓶颈。例如，"数字哈萨克斯坦"国家规划提出到2022年公共服务的电子化率达到80%，但由于哈萨克斯坦信息和通信技术专业人员严重不足，势必影响该规划实施。据统计，2019年，乌兹别克斯坦信息和通信技术专业人员在就业人口中所占比例为0.5%，远低于欧盟3.7%的平均水平。吉尔吉斯斯坦、塔吉克斯坦、土库曼斯坦三国数字人才严重不足的问题更加突出，大量民众缺乏基本的网络技能，亟须"数字扫盲"。这是部分共建"一带一路"国家和地区数字人才不足的缩影。一方面，一些国家数字化发展刚刚起步，各类大学培养数字人才的师资和水平有限；另一方面，数字人才期望进入私营企业获得更高收入，不少人才更倾向于到俄罗斯或欧美等国工作。这不仅影响中国"数字丝绸之路"发展的广度，更影响与这些国家和地区数字领域的合作深度。

三、深化"数字丝绸之路"建设的路径选择

近年来，中国将人类命运共同体理念应用于数字领域，发起《携手构建网络空间命运共同体行动倡议》《"一带一路"数字经济国际合作倡议》《中国—东盟关于建立数字经济合作伙伴关系的倡议》《金砖国家数字经济伙伴关系框架》等一系列国际合作倡议。鉴于数字化的重要性和数字鸿沟的存在，国际上对加强数字化领域的国际合作凝聚起越来越多的共识。作为"一带一路"框架下各国陆海互联互通的有力补充，"数字丝绸之路"需要通过"硬""软"两种数字基础设施建设，加强"一带一路"国家和地区间的连接，密切经济合作关系，构建数字治理体系。

（一）强化"硬联通"，建设丝路光缆大通道

"要致富，先修路；要快富，修高速；要闪富，通网路"，这已成为中国"数字丝绸之路"建设基础设施先行的鲜活表述。"硬联通"包括光缆、蜂窝基站、大规模的互联网和电信网络建设等。要根据"一带一路"倡议指导方针，继续协同发展跨境海陆缆等资源，建设贯穿六大经济走廊、连接"一带一

路"重点国家和港口的信息通道，提升这些国家的国际网络连接能力，实现对基础设施项目的共建共享共用和可持续建设运行。

（二）促进规则标准会商与共识，提升"软联通"水平

在强化"硬联通"的基础上，"软联通"的建设也需同步推进，应结合各国实际国情和未来需要，制定有利于发展中国家遵循和落实的规则标准，包括制定共同技术标准、建设智慧城市、搭建电子商务平台、开发移动支付系统及其他数字经济相关应用。中国在亚太地缘格局中处于中心位置，背倚亚欧大陆，面朝太平洋，兼具陆海大国的双重优势，具有成为信息枢纽的天然地缘优势。要抓住机遇，全面提升网络、平台、节点能力，打造联通"一带一路"各国的信息转接中心，提升中国在亚洲间、欧非与亚洲、亚洲与美洲的枢纽地位。

（三）重视战略对接，打造网络空间命运共同体

网络空间命运共同体有助于调动"数字丝绸之路"资金、技术等资源的合理分配，促进各建设主体间的同舟共济、关联协同，提高相对弱势国家的数字创新能力，协调各建设主体发展步伐，促进"数字丝绸之路"内在结构走向系统化。数字经济在减少中间环节、降低交易成本、弱化信息不对称等方面具有显著优势，拓展经济活动范围并丰富了各类业态。据测算，到2023年中国51.3%的GDP将与数字经济直接或间接产出相关，将中国数字红利转化为"一带一路"区域红利具有很大空间。共享数字红利，推动形成数字经济领域的利益共同体和命运共同体，需要不断完善延续"数字丝绸之路"的顶层设计和相关数字经济倡议，以包容性理念保持对发展中经济体、中小微企业的重点关注，有效对冲发达经济体主导的数字经济规则体系下弱势群体所面临的不公平秩序和不平等待遇。在合作过程中，应加强对当地网络信息安全保障能力的评估，增强数字合作的风险意识、风险评估和管理，加强国家安全、个人数据、商业机密等方面的保护。"数"以"治"为要，亟待以"数字丝绸之路"作为突破口构建数字经济发展的规则框架，在国际数字治理规则制定中多方探索，主动贡献中国智慧。

互联网发展的驱动力何在？

杰夫·休斯顿（Geoff Huston）[*]

摘　要： 互联网在短暂的发展历程中发生了巨大的变化。推动这一变化的主要因素是什么？在这个过程中，计算、存储和网络之间的相互作用又有怎样的变化？本文主要围绕建立一个更大、更快、更好和更便宜的网络，探究其将如何影响互联网发展。我们探讨内容分发网络在创建具有复制服务模式的世界中的作用。在这个世界中，客户端和服务之间共享公共网络的距离正在逐渐缩小。人们正在开发一个以服务为中心的环境，在这个环境中，网络的相对显著性和重要性正在下降，取而代之的是一个由数字服务和内容定义的环境。

关键词： 互联网；服务；内容分发；发展趋势

一、过去50年互联网发展历程

回望1972年的世界，在技术和通信领域占据主流地位的是造价昂贵的大型计算机，其工作系统通过晦涩难懂的符号集运行，需要全天候轮班的计算机操作员和受过符号集专业培训的程序员负责管理。在普通家庭里，收音机和电视机已经算是最复杂的消费电子产品了，钟表还在靠发条运转……但变化悄然而至，激动人心的载人航天技术成果唤醒一代人的想象力，展现出科技的力量和效用，全球技术研发加速。

＊　杰夫·休斯顿系亚太互联网络信息中心（APNIC）首席科学家、国际互联网名人堂入选者。

摩尔定律[1]是这50年间计算机领域的重大发现，极大地推动了计算机技术的发展：大型计算机算力更强、速度更快，成本也越来越低。同时，算力和速度略逊一筹的小型计算机在尺寸、成本和便捷性上日臻完善，成为个人消费品。到了20世纪90年代，计算机转变为消费品，这一市场趋势对计算机领域的架构产生了影响，大型计算机与围绕它们的个人计算机被区分开来，互联网也做同样区分。与用户间对等的电路交换式电话网络不同，互联网开始构建将客户机（Client）和服务器（Server）从根本上区分开来的网络结构，并将公用名、路由等基本网络服务合并其中，而客户机则是网络提供服务的消费者。在某种意义上，20世纪90年代是互联网从电话通信模式转变为更接近广播电视模式的一个时期。

然而，这种向客户机/服务器（C/S）结构的转变给网络发展带来了一系列更核心的挑战。通信网络容量基本取决于电话机配置，完全由通信运营商所掌控。而在互联网的C/S模式中，网络容量由消费市场需求决定。消费者购买的设备对网络水平的需求极高，但是，对扩展服务基础设施和连接网络容量的投资却未能跟上。用户使用强度增加，却没有针对这一增长的资费标准，网络服务接入资费的"统一费率"上涨也加剧了这一矛盾。消费者需求大幅上涨，相应的费率收入却并未因需求而增加，这意味着服务和基础设施提供商需要扩大举债规模以获取建设更多基础设施的资金。用户更多，产生的收入才会更多。互联网服务提供商（ISP）只能依靠源源不断的、使用强度较低的新用户为扩建基础设施提供资金。这就是90年代末互联网服务提供商行业的情况。

这种环境创造了一个反馈回路，对服务基础设施的需求因此而增加。不仅融资模式面临压力，需求的增长也对技术模型形成了压力，在单一平台上运行的热门服务不堪重负，连接这些服务的网络基础设施超负荷运转。业界开始利用服务器集群、数据中心、交换机、网关以及互联网服务提供商分层结构对服务基础设施进行技术改造，试验基于多协议标签交换（MPLS）和虚拟专用网络（VPN）等技术的虚拟电路通信，并通过各种形式的服务质量（QoS）模型

---

1   Gorden E. Moore, "Cramming more components onto integrated circuits", *Electronics Magazine*, 1965, https://newsroom.intel.com/wp-content/uploads/sites/11/2018/05/moores-law-electronics.pdf, retrieved April 1, 2020.

对相互竞争的网络资源实行选择性配给。[1]

内容分发网络（CDN）的诞生标志着21世纪前十年互联网最根本性的改变，即从将用户请求带回单一服务器转向将服务复制到临近用户终端的设备。用户请求仅在外部的接入网传输，而网络内部用于向边缘服务器推送更新。

基于边缘的客户机分配机制出现得恰逢其时，随着2007年苹果手机的问世，用户需求曲线发生了巨大变化。对比个人计算机时代，人们对网络的需求增加了三到四个数量级，用户需要数兆比特的速度才能满足移动设备所带来的沉浸式使用体验。

尽管50年来通信技术不断演变，但互联网始终使用互联网协议（IP）操作数据包传输数据。IP将应用程序、内容服务环境与底层传输结构剥离开来。从点对点串行网络到总线型以太网，再到基于光纤分布式数据接口（FDDI）或分布队列双总线（DQDB）的环形结构网络，都能在不改变应用程序或服务环境的情况下在IP层快速集成。这不仅将通信技术发展过程中对每一代技术投资的价值保留了下来，而且随着互联网的使用和用户群体的扩大，上述价值还在不断累加。

二、当前推动互联网变革的因素

我们难以断定50年后的技术是否会有全新的变化，也很难像1971年或者更早的时候那样预测50年后的技术发展。例如，在20世纪70年代初期已经出现移动电话向智能设备转变的明显趋势；为提升算力逐步改进硅处理技术，制造具有数十亿个逻辑门、低功耗、高时钟速度的单芯片多处理器，同时不需要重新考虑计算机的内部结构问题；电子设备的尺寸缩小了，但其逻辑和设计基本是不变的；等等。

回头看，成为今天通信技术主导因素的种子在50年前就已埋下，同理可以推断，在50年后的通信环境中起主导作用的种子或许就存在于当下。当今世界各种理念交汇，并无定论。所以我们面临的最大挑战或许在于如何从当前纷繁

1 Paul Ferguson, Geoff Huston, *Quality of Service: Delivering Qos on the Internet and in Corporate Networks*, John Wiley & Sons, 1998.

复杂的技术更迭中分辨出真正影响未来的重要因素。

尝试去细致描绘50年后的计算机通信环境也许毫无意义，但我们可以从已有的细节中看到塑造未来的驱动因素，并将其筛选出来。

——更大

以前的通信速率以Kb/s为单位，如今相同通信的衡量单位不是Mb/s或Gb/s，而是Tb/s。2021年3月，谷歌宣布搭建的Echo光缆将由12根光纤组成，单纤容量为12Tb/s。该光缆将穿越太平洋海底，从美国连接到新加坡，总网络容量达144Tb/s。此外，光放大器、波分复用和相位/幅度/偏振调制技术的使用可显著提高电缆容量。

摩尔定律的速度或许已足够惊人，但消费电子产品行业的扩张速度比摩尔定律还要迅速。2020年，全球共售出约14亿台移动互联网设备，自2015年以来其每年销量均实现同比增长。大量的互联网设备与充足的网络容量催生出更多沉浸式内容和服务，如今的互联网在服务器和内容聚合方面已较为成熟，内容分发网络可以提供与终端接入的网络容量相匹配的规模和速度，并为所有客户机提供这些服务。

当我们考虑"更大"时，不应只考虑人类对网络的使用。因为互联网的应用领域还涵盖物联网等新兴产业。据估算，当今互联网设备的数量[1]大约在200亿到500亿台，但这些数字都只是各种估算的结果，缺少更可靠的分析测量作为依据。微处理器的年产量可达到数十亿台，尽管对该行业的增长预期非常不确定，这也一定会是非常巨大的量级。关于该细分市场的五年增长，最初人们预测设备总量大约可达500亿台，而这一数量仍在不断攀升。

随着互联网规模的扩大，互联网的发展不再受限于人口增长和人类的使用时长。互联网正在改变，用以服务于一套计算机设备集合。这些设备的运行建立在充足的技术基础之上，包括多样的处理能力、海量的存储以及巨大的网络容量。面对如此巨大的需求，互联网行业应尽快加大资本、专业知识和资源投入，以改变供不应求的现状。

1　https://techjury.net/blog/how-many-iot-devices-are-there/#gref.

——更快

在构建更大的网络时，对于单位时间的设备连接数量和数据传输量，我们均希望能达到更快的速度。

业界正在推动5G网络的部署，称5G网络能以10Gb/s[1]的峰值速度将数据传输到终端。这一数据可能是在一个没有干扰的极端环境中测得的，实际传输速度离消费者的合理期望还有差距，在大多数情况下，移动网络现在只能为连接设备提供100Mb/s的数据。在有线网络方面，通过数字用户线（DSL）或双绞铜线传输数字信号已经落后于时代，光纤开始代替传统铜线接入有线环境，有线服务的容量单位从Mb/s变为Gb/s。

但速度不仅仅指传输系统的速度，还有传输本身的速度。在这方面，永恒不变的物理定律开始发挥作用，发送方和接收方之间存在难以避免的信号传播延迟。"更快"不仅意味着更强大的传播能力，而且还意味着要加快系统对客户机的响应，这既需要高容量，也需要低时延。目前实现这一目标的唯一方法是缩减传输之间的距离。如果从边缘提供内容和服务，协议对话的速度更快，系统的响应速度也会因此加快。

提升网络速度的方法不仅限于让服务靠近客户机。业界致力于提高协议的效率，在客户机和服务器之间以更少的交换次数生成处理结果，以提高网络响应速度和使用便捷程度。

"更快"需要的因素有：提升"最后一公里"接入网的带宽容量；将所有内容和服务交付进入高度可复制的内容分发网络；增加内容分发网络节点密度；预先准备好服务内容，以便服务直接在"最后一公里"接入网上；改造应用程序环境，提高响应速度；提高传输协议的性能。

我们希望能缩短网络传输的距离，同时通过预测内容分发网络节点的需求和服务内容，避免因距离造成速度限制。在网络中，"更近"是"更快"的不二法门。

1　https://www.tomsguide.com/features/5g-vs-4g.

——更好

"更好"是更为抽象的一种品质，但明确"更好"意味着"更可信"和"真实性可验证"，互联网就在这项最具挑战性的任务中取得了进展。

超文本传输安全协议（HTTPS）的使用在当今的Web服务环境中几乎随处可见。我们一直尝试通过使用安全传输层协议TLS1.3[1]的"Client Hello"报文中加密的服务器名称指示（SNI），来封堵TLS协议中最后一个开放漏洞。这甚至比隐蔽式域名系统（Oblivious DNS）[2]和隐蔽式超文本传输协议（Oblivious HTTP）[3]所提出的方法更进一步，它可以将包括服务运营商在内的任何一方，与用户身份和业务信息隔离开，避免预先获取用户和业务的耦合信息。

内容方、应用程序和平台都在处理隐私和虚假信息相关热点议题，并未重点关注网络本身是否绝对可信。但如果网络无法保障有效载荷、业务元数据（如DNS查询）、传输协议控制参数等关键信息安全可靠，那么网络以及网络所提供的这些信息是否值得信任就无关紧要了。当今互联网应从所有网络基础设施均不可信的假设出发，为用户及其选用的服务提供"更好"的保障。一旦发现服务、应用程序和内容与底层平台及网络框架之间隐含的信任被各种方式所滥用，应用程序和服务环境就会采取有效措施封堵每一个可能暴露隐私或者泄露数据的漏洞。

网络协议栈各个层级都是"零信任"的写照，栈的每一层只向其他层公开"完成请求和维持运行"所需的最小一组功能信息，这一点已经深深植根于网络本身的运营模式及其应用设计之中。

——更便宜

互联网似乎正在向一个具备更大规模连接和更强大算力的环境过渡。与此

1　E. Rescorla, "The Transport Layer Security (TLS) Protocol Version 1.3", RFC 8446, DOI 10.17487/RFC8446, August 2018, https://www.rfc-editor.org/info/rfc8446.

2　Paul Schmitt, et al., "Oblivious DNS: Practical Privacy for DNS Queries", *Proceedings on Privacy Enhancing Technologies*, Vol.2019 (2), pp.228-244, https://odns.cs.princeton.edu/pdf/pets.pdf.

3　Martin Thomson, "Oblivious HTTP" work in progress, Internet draft, February 2021, https://www.ietf.org/archive/id/draft-thomson-http-oblivious-01.html.

同时，构成这样环境的网络基础设施带有明显的规模经济特性。例如，网络传输系统的改变可以将电缆系统的承载能力提高一百万倍，但是电缆系统的价格并不会因此上涨一百万倍。在某些案例中，一些大规模系统的资本和运营成本实际逐年下降，单位距离的每比特成本也呈直线下降的趋势。

这也导致单次网络业务资费水准下降。虽然每发送一条短信收取都会向用户收取一定数量的费用，但网络业务的单位成本通常来说是非常低的，以至于无法形成一个基于成本的数字服务业务资费模型。

如前所述，内容分发网络模式的兴起改变了互联网。在每个边缘附近预先准备服务内容，后续从服务器到客户机的业务需求能够在很短的距离内实现。这就使更短距离内业务处理速度更快，建造和运营成本更低，功耗更低，信噪比更高。

除了降低成本，一些服务提供商取得了间接收益，且不会对用户产生任何显性成本。比如，使用搜索引擎进行搜索不会收取用户任何费用。这项服务是通过广告收入间接盈利的。搜索引擎汇集了丰富的用户资料，并通过广告推广活动将这些信息出售给广告商，从而获取广告收入。个人用户很难将自己的资料卖给广告商进行套现，但当个人资料汇聚成庞大的数据集时，就变成了一笔巨大的财富。

可以说互联网的大部分服务环境都是由服务提供商出资的。在以前，很多网络服务是只有少数有实力组建专业研究团队的人才能享受的奢侈服务，但如今它们已变成大众市场上人人皆可享受的商品服务。这些服务的价格十分亲民，甚至在很多情况下已经可以免费使用。

——更大、更快、更好、更便宜

通常认为，在网络中不可能同时实现"更大、更快、更好、更便宜"的目标。但是互联网数字服务平台似乎已经满足所有标准。为使服务平台实现负载的不断增大和成本参数的不断下降，服务提供商不仅进行了网络扩建，还逐渐改变了客户访问这些服务的方式，基本不再从全网络推送内容和服务，而是从边缘提供服务。

从边缘提供服务大幅削减了数据包的传输里程，从而降低了网络成本，提升了响应系数和传输速度。这或许会是未来50年里计算机通信和数字服务发展的驱动因素。

互联网不应成为一个更华丽、更多功能、更"智能"的网络，这些因素和"更大、更快、更好、更便宜"的发展趋势不太相符。计算机领域的发展方向应该是推出直接集成服务功能的更先进设备，通过将服务推向网络边缘，进一步推动提供数字服务的公共网络向边缘网络的角色转变。

三、未来互联网发展趋势

未来，互联网将如何发展？继续构建可以有效满足"更大、更快、更好、更便宜"需求的网络也许是一个方向。实现方式是将越来越多的网络功能从网络内部转移出去，以可复制的方式保留在更靠近的、与客户机相邻的网络边缘位置。传输和计算已经从一种昂贵的稀缺资源变成了随手可得的便宜商品，共享资源池也不再是服务交付的核心。

这预示着应用程序不再是远程操作服务的窗口，而是变成了服务本身。于是出现了"将服务定位在离客户机更近的位置"这一构想的终极形式，即："如果可以直接在客户机设备上提供服务，那为什么要在临近客户机的节点上部署服务呢？"

这一问题引发了未来50年通信领域发展的两个根本问题：其一，共享的网络是否重要？前文观察到的发展趋势是，将成本和功能从网络中剥离开并载入终端设备，从而为服务带来更低成本、更高速度和更高敏捷度。那么这样的趋势什么时候可以停止呢？当所有事物都载入到边缘设备上时，会发生什么呢？网络还剩下什么呢？它还有什么作用呢？其二，互联网将如何定义？互联网曾被认为是一个公共网络、公共协议和公共地址池。任何一台连上互联网的设备都可以向任何其他连接设备发送IP数据包。使用互联网地址池中提供的地址，就成为了互联网的一部分。公共地址池从本质上定义了互联网。

如今的情况已截然不同，随着人们不断割裂网络、协议框架、地址空间甚至域名空间，我们还剩下什么来定义互联网呢？或许互联网作为一个统一的概念，唯一还保有的就是"共享公共运行框架的不同服务集合"这一无形特性。

过去50年，我们一次又一次地挑战了对互联网技术能力的理解，取得了很多举世瞩目的技术成就。希望在未来的50年里，我们能继续书写互联网快速发展的篇章。

"数字丝绸之路"：中国—乌兹别克斯坦加强数字互联互通

鲁斯兰·肯扎耶夫（Ruslan Kenzayev）[*]

摘　要：中国正积极同有关国家推进"数字丝绸之路"建设，共同践行数字经济合作倡议。为促进本国信息技术发展，乌兹别克斯坦对积极参与"数字丝绸之路"建设具有强烈意愿。在"数字丝绸之路"倡议框架下，中乌合作已取得亮眼成果，同时尚存一些阻碍和挑战。但总的来说，中乌数字互联互通发展前景十分广阔。

关键词：数字经济；数字丝绸之路；数字互联互通

2013年，中国国家主席习近平在哈萨克斯坦提出了共建"丝绸之路经济带"倡议，在访问印度尼西亚期间，又提出共建"21世纪海上丝绸之路"。过去九年中，这些全球化项目为国际间深化互利合作、共同推动基础设施建设提供有效平台。目前，中国同150多个国家和30多个国际组织签署了超过200份"一带一路"合作文件。随着合作倡议的实施，新的合作关系得以推进，合作内容愈发丰富。

一、中国数字领域发展现状

"一带一路"致力于构建人类命运共同体，不仅涵盖交通、物流等基础设

---

* 鲁斯兰·肯扎耶夫系乌兹别克斯坦《人民言论报》副总编。

施建设，还包括数字化基础设施。2015年，中国提出"数字丝绸之路"倡议，旨在同成员国共同促进全球技术发展。该倡议具体举措包括加强数字互联互通、铺设数据传输线路网、发展5G、建设数据存储中心，在电子商务、教育和金融领域展开合作，推进互联网治理等。

中国专家强调，"数字丝绸之路"是数字技术多边合作平台。它能够帮助成员国自身发展，增强国与国间的联系与互信，也能够帮助发展中国家避免由部分发达国家"长臂管辖"和数字霸权带来的损害。目前，中国已同16个国家签署了共建"数字丝绸之路"合作协议，并与7个国家共同发起《"一带一路"数字经济国际合作倡议》。[1]

中国作为现阶段数字技术高速发展的国家之一，在数字领域处于领先地位。根据《全球数字经济白皮书》公布的数据，2021年中国数字经济规模达到7.1万亿美元，占全球47个主要参与国总量的18%，位列第二。

2012年至2021年，中国数字经济平均增长率达到15.9%，数字经济占国内生产总值的比重从20.9%提高到39.8%。[2]根据中国工业和信息化部的统计数据，截至2021年底，中国正实施的"5G+工业互联网"项目超过2000个，覆盖20多个国民经济主要行业。中国现阶段共有超过150个工业互联网平台，其地区和行业影响力巨大，并为160万家企业提供服务。中国人工智能产业规模已突破590亿美元，相关企业数量达到3000家。2022年上半年，网上购物、远程教育、远程医疗等行业发展迅速。在电子信息、软件、互联网通信领域总收入超过1.48万亿美元。[3]

改善网络基础设施对促进数字经济发展至关重要。根据中国工业和信息化部的数据，截至2022年5月底，中国5G手机用户已达4.28亿户。截至目前，中国已拥有超过170万个5G基站投入运行。同时中国工业和信息化部表示，中国政府计划进一步巩固行业基础，推进5G网络建设和相关应用开发。[4]

1 《中国已与16个国家签署建设"数字丝绸之路"合作倡议》，人民网（俄文版），2022年1月5日，http://russian.people.com.cn/n3/2022/0105/c31518-9940855.html。

2 《〈全球数字经济白皮书〉：中国数字经济规模达到7.1万亿美元》，人民网（俄文版），2022年8月1日，http://russian.people.com.cn/n3/2022/0801/c31518-10129392.html。

3 《中国的数字经济正在加速发展》，人民网（俄文版），2022年8月3日，http://russian.people.com.cn/n3/2022/0803/c31518-10130631.html。

4 《5G连接：中国用户已达4.28亿》，《人民言论报》，2022年7月16日，https://xs.uz/ru/81116。

二、乌兹别克斯坦数字领域发展现状

作为"数字丝绸之路"项目的受益者之一，乌兹别克斯坦致力于推动信息技术发展。乌兹别克斯坦认识到，信息技术在发展出口和创造就业机会方面具有巨大潜力，对劳动力过剩的国家至关重要。

为加快信息技术发展，乌兹别克斯坦通过了一系列规范性法案和路线图，包括总统令批准的"数字乌兹别克斯坦2030"战略[1]。在过去的5年里，乌兹别克斯坦在信息技术领域共投入20亿美元，包括7亿美元的直接投资。截至2022年8月1日，乌兹别克斯坦国内信息通信领域企业总数为11252家，与2021年同期相比增长率为107.5%。2022年前7个月，信息通信领域新增企业1522家。[2]

根据官方数据，乌兹别克斯坦在建设新型基础设施和提高现有基础设施质量方面做出了充分努力，目前正在实施一项分阶段的电信网络现代化方案，光纤网络总长度达13.6万公里。该项目完成后，乌兹别克斯坦宽带覆盖率将达到72%。升级后的移动网络覆盖了99%的居民点，其中96%的居民点通过移动互联网连接，国内移动电话用户达到3000万（全国人口3550万）。2022年国内移动互联网资费降至2020年的1/9。[3]

考虑到国内存在信息技术专家短缺、核心业务不足、投资规模较小等问题，乌兹别克斯坦于2019年建立软件和信息技术产业园。园区内共656家公司，员工总数超过1.1万人。到2028年，园区内人员将免征进口软件和设备的关税及其他各类税款，个人所得税税率也将减半。三年来，乌兹别克斯坦信息技术产品和服务出口额增长7倍多，从2019年的620万美元增长到2021年的4600万美元，预计在2022年将达到1亿美元。乌兹别克斯坦信息技术和通信发展部宣布了2028年信息技术出口额达到10亿美元的目标。[4]

1　乌兹别克斯坦共和国总统令：《关于批准"数字乌兹别克斯坦2030"战略及其有效实施措施》，https://lex.uz/docs/5031048。

2　乌兹别克斯坦共和国信息技术和通信发展部新闻中心，2022年8月18日，https://mitc.uz/ru/news/view/4072。

3　S.格里戈里耶夫：《乌兹别克斯坦制定了建立区域信息技术中心的目标：乌兹别克斯坦正在发展数字技术》，《俄罗斯报》（数字经济），第116号（8764），2022年6月1日。

4　乌兹别克斯坦共和国信息技术和通信发展部新闻中心：《发展基础：乌兹别克斯坦正在发展数字技术》，2022年6月2日，https://mitc.uz/ru/news/3930。

三、中乌在数字领域积极推动合作

2022年正值中乌两国建交30周年。根据中方统计数据，2021年中乌贸易额达80.51亿美元，较2020年同比增长21.6%，2022年1月至4月贸易额同比增长45%，达32.2亿美元。[1]

数字领域是乌兹别克斯坦与中国诸多合作方向之一。中国不断深化同中亚国家特别是乌兹别克斯坦在"一带一路"项目框架内的贸易和投资合作，"数字丝绸之路"项目纳入乌兹别克斯坦国家数字化转型战略当中。一些专家认为，数字合作有望成为中国与中亚国家最具前景的合作领域。中国企业的主要发展方向是5G、智慧城市、物联网、光纤通信、移动支付、数字海关平台等，同时也重点关注跨境电商发展。深化中亚"数字丝绸之路"的合作方略已于2020年7月17日被写入"中国＋中亚五国"外长会晤联合声明。各方特别强调了通过积极推进电子商务、智慧城市、人工智能和大数据技术应用领域的合作，在数字领域建立伙伴关系。[2]

2019年4月25日，乌兹别克斯坦总统米尔济约耶夫与习近平主席在"一带一路"国际合作高峰论坛举行会谈。双方讨论了乌兹别克斯坦招商投资、创新和技术合作的前景，以及在上述领域新联合项目的开发。

华为技术有限公司是乌兹别克斯坦电信网络扩展、移动运营商和供应商能力建设、光纤高速数据传输技术发展的旗舰公司。华为在乌兹别克斯坦共和国已运营超过20年，与当地网络运营商、行业伙伴、教育机构和社区的合作密切。

乌兹别克斯坦总统曾参观华为公司的研究与创新中心，并会见了华为创始人任正非。双方探讨了乌兹别克斯坦安全城市、电子政府、紧急医疗服务等系统的发展问题。双方在此次会议达成协议，同意在现代信息通信技术领域开展全面合作，包括提高专家技能、加快5G的实施等。[3]根据双方协议，中国

---

1 《特别报道：中国和乌兹别克斯坦为"一带一路"合作注入新动力》，新华社（俄文版），2022年8月15日，https://russian.news.cn/20220815/a2dc15a05a284974912486c09102d1c3/c.html。

2 G.A.西佐夫：《中国在中亚的"一带一路"倡议：成功、问题和前景》，《国家战略问题》，No.2（65）2021，https://e-cis.info/upload/iblock/2e0/2e04e122831e3aa304e66d47cd2d6dda.pdf?ysclid=l73kq5abvo919731140。

3 乌兹别克斯坦共和国总统新闻中心：《总统参观华为创新中心》，2019年4月25日，https://president.uz/ru/lists/view/2524。

进出口银行将提供1.5亿美元贷款，以支持乌兹别克斯坦通信设备现代化和当地移动运营商莫比乌兹（Mobiuz）的网络发展项目，融资协议于2021年8月生效。该项目能够解决诸多问题，最关键的是加强乌兹别克斯坦国内的无线网络建设，以确保主要城市和地区移动互联网的稳定性，扩大4G LTE的覆盖范围，提高偏远地区无线网络的数据传输质量和速度。在实施"数字乌兹别克斯坦–2030"战略的过程中引入包括5G在内的先进技术。

到2022年下半年，该项目已启动超过2800个4G无线基站，建设并升级超过1800个无线电中继通信线路，铺设光纤通信线路4.88万余米，并对5G网络进行测试，极大地提高了网络容量。该项目将为乌兹别克斯坦数字化转型所需的基础设施建设和技术发展提供专项投资，并提高乌兹别克斯坦的存储安全性和信息管理效率。未来，网络扩展将主要解决通信覆盖问题，并确保偏远地区的通信服务，全力支持乌兹别克斯坦远程教育和智慧城市发展。[1]

中乌建交30周年之际，2022年1月25日，在中国同中亚五国建交30周年视频峰会上，中国与中亚国家重申了继续开展有效合作并扩大合作的意向。乌兹别克斯坦总统沙夫卡特·米尔济约耶夫在讲话中提出在中亚国家和中国信息技术园区的合作基础上建设"智慧丝绸之路"联合平台的倡议。同时，乌兹别克斯坦总统指出，信息技术发展的重要性与日俱增，在新冠疫情复苏和世界加速向第四次工业革命过渡的背景下，数字技术的广泛应用将愈发重要。考虑到中国在该领域的经验，建议在数字经贸、电子政务、区块链技术和人工智能领域与中国发展合作伙伴关系。[2]

一个具体的合作案例是在乌兹别克斯坦共和国运营商乌兹电信（Uztelecom）的技术支持下，华为公司在塔什干水利与农业机械化工程大学实施的智慧农业试点项目。该项目利用基于5G、物联网、无人机、智能传感器和智能大数据平台的控制、监控和数据处理系统，实现了自然资源利用率和农

---

1 《乌兹别克斯坦和中国合作加快数字化转型》，Podrobno.uz，2022年8月16日，https://podrobno.uz/cat/uzbekistan-i-kitay-klyuchi-ot-budushchego/sotrudnichestvo-uzbekistana-i-kitaya-dlya-uskoreniya-tsifrovoy-transformatsii/。

2 乌兹别克斯坦共和国总统新闻中心：《乌兹别克斯坦共和国总统沙夫卡特·米尔济约耶夫在中亚和中国国家首脑在线峰会上的讲话》，2022年1月25日，https://president.uz/ru/lists/view/4940。

作物监测效率的提高。[1]

"数字丝绸之路"框架内的合作为举办国际论坛和活动提供了必要的基础设施。为筹备2022年9月举行的上合组织峰会，在撒马尔罕市的诸多设施中，基于华为解决方案的第五代网络以1209Mbps的最高速度进行了测试。华为驻乌兹别克斯坦代表处称，华为利用自主研发的创新设备构建的5G网络为系统升级至5.5G奠定了基础，也将提前向减少能耗和碳排放的绿色网络转型。[2]

四、中乌两国合作的挑战与展望

尽管中乌两国在"数字丝绸之路"倡议框架内的合作已取得了一定成果，但仍存在阻碍其全面实施的因素。

一是乌兹别克斯坦国家数字化战略与中方项目对接不够充分。推动双方对接将有助于提高乌兹别克斯坦在中国高科技发展进程中的地位，从而加快在"数字丝绸之路"框架下建设中乌数字贸易中心的进程。[3]

二是数字银行和支付系统领域缺乏协调，不利于电子商务发展。例如，乌兹别克斯坦在2018年宣布，据乌兹别克斯坦总统批准的"2019年前信息通信技术发展路线图"，"促进非接触式支付技术的广泛使用，并在2018年6月1日前完善该领域监管框架"[4]。但事实上，直到2022年，乌兹别克斯坦银行部分用户仍无法使用支付宝。

三是需培养信息通信技术专业人才，包括汉语人才。近四年，乌兹别克斯坦与外国合作建设了数所大学，但都缺乏教育所必需的汉语专家。

---

1 https://uztelecom.uz/uz/yangiliklar/yangiliklar/uztelecom-texnik-ko-magi-ostida-aqlli-qishloq-xo-jaligining-pilot-loyihasi-taqdim-etildi.

2 《华为携手当地通信运营商，持续推进乌兹别克斯坦5G网络建设》，2022年7月29日，https://www.huawei.com/uz-uz/news/uz/2022/huawei-prodoljaet-razvivat-5g-v-uzbekistane。

3 《中乌正在建设数字丝绸之路和数字中亚》，Trend.az，2018年9月26日，https://www.trend.az/business/it/2956691.html。

4 《乌兹别克斯坦将加入PayPal和支付宝》，Spot.uz，2018年2月21日，https://www.spot.uz/ru/2018/02/21/paypal-alipay/。

对于乌兹别克斯坦而言，推动"数字丝绸之路"倡议虽然存在一定阻碍，但仍前景广阔。除了可直接影响中国各个领域、加强与中国双边关系外，该倡议还可促进与阿富汗的国际合作。未来，利用乌兹别克斯坦的地理位置、与阿富汗新政府的现有联系和谈判，"数字丝绸之路"倡议通过北部省份在阿富汗成功实施的机会将大大增加。

提升互操作性　构建金砖国家开放数字生态系统

卢卡·伯利（Luca Belli）

尼科洛·津加莱斯（Nicolo Zingales）*

摘　要： 本文旨在阐释建设开放竞争的数字生态系统的发展背景，并提供指导方向；简要概述数字生态系统的概念和互操作性的定义，并基于金砖国家发展现状对实施互操作性提供相关建议。本文从技术和法律角度详细论述了互操作性的具体实践，通过全方位践行这一核心原则，以期在数字生态系统中打造开放的生态，鼓励包括新进者在内的各方创造价值，防止现有参与者用不公平手段获利。

关键词： 金砖国家；数字生态；互操作性；法律互操作性

一、引言：新型数字火车头

1990年，印度前总理曼莫汉·辛格[1]牵头起草了一份具有里程碑意义的南方委员会报告，正式提出"全球南方国家"这一概念，号召南南合作，推崇"南方火车头"理论。这份报告强调，全球南方国家不能寄希望于前殖民者和帝国主义力量推动本国发展，"新的驱动力必须源自南方国家本身"。金砖国

---

* 卢卡·伯利系巴西瓦加斯基金会法学院教授、技术与社会中心和"网络金砖"项目主任；尼科洛·津加莱斯系巴西瓦加斯基金会法学院教授、电子商务研究团队负责人。

1 曼莫汉·辛格，1990年—1991年任印度总理经济事务顾问；1991年—1996年，任印度财政部部长；2004年—2014年任印度总理。

家人口占全球总人口的41%，全球GDP占比25%，全球贸易总量占比达20%，金砖国家完全有能力成为自身发展的原动力。

金砖国家诞生二十年来，其根本目标从未改变，即打造多极秩序，让全球南方国家领导下的全球治理和发展真正惠及发展中国家。要实现这一伟大目标，金砖国家和非金砖国家需认识到，数字技术、数字治理和数字政策扮演着极其关键的角色。

数字变革正以前所未有的速度重塑人们的生活。这种变革在带来绝佳机遇的同时，也带来巨大挑战。因此，金砖国家不仅要成为"南方火车头"，更要成为数字技术和数字治理创新的驱动力。

不到十年时间，金砖国家在数字技术领域已成为地区乃至全球的引领力量。例如，中国、印度和巴西经过短短八年的时间就从全球互联网普及率较低的国家一跃成为线上支付领域的领先国家。因此，金砖国家未来完全有潜力成为全球南方国家的"数字火车头"。

自美国国家安全局外包技术员爱德华·斯诺登泄密事件曝光后，金砖国家出台了诸多治理倡议，开展全球数字合作。斯诺登事件后，巴西于2014年在圣保罗召开"关于互联网治理的未来——全球多利益相关方会议"，会上通过了《全球互联网多利益相关方圣保罗声明》[1]。中国为促进网络空间治理也做出全球性努力。自2014年起，中国召开世界互联网大会·乌镇峰会，旨在为各利益相关方提供一个绝佳平台，围绕数字技术的相关问题商讨相应的解决方案。印度于2017年举办全球网络空间会议，俄罗斯自2019年起组织召开国际人工智能会议，南非也已成为互联网治理领域中最积极的非洲国家。2022年7月，首届数字金砖论坛由中国主办，金砖国家进一步讨论数字技术与治理的相关方法，寻找契合点，促进未来合作。

金砖国家领导的这些倡议充分展示了对数字技术与治理以及规范性框架的高度关注。金砖国家充分认识到互操作数字技术的价值，主要是在全球范围内交换信息，享受和提供服务，同时也充分理解了互操作标准的价值，即在保护

1　Marilia Maciel, Nicolo Zingales and Daniel Fink, "NoC Internet Governance Case Studies Series: The Global Multistakeholder Meeting on the Future of Internet Governance (NETmundial)", January 1, 2015, https://ssrn.com/abstract=2643883.

国家与数字主权的同时促进全球贸易。

保护主权、促进开放应被视为互相兼容的目标，前提是二者都有合法的互操作框架作为支持。法律互操作性的实现可依赖诸多策略，如制定兼容标准、为用户提供相似等级的保护、明确数字产品生产商和数字服务提供商相关义务等。这种法律互操作性应当成为金砖国家促进数字合作的基础，为全球南方国家驱动的数字治理提供实现开放和包容的另一种模式。"网络金砖"项目表明，金砖国家的诸多数字政策与规范是高度兼容的。

要成为真正的"数字火车头"，金砖国家不仅要从技术和法律角度理解互操作性，还要真正践行互操作性。在金砖国家相关讨论中体现的对互操作性政策的包容将带来更大的社会及经济效益，扩大并增强金砖国家数字生态系统的开放性。

二、数字生态系统

围绕少数几个主要数字平台的竞争实力聚合，营造了一种新兴的竞争环境。在这种环境中，多方经济行为体在价值创造的共有利益上共存且互相依赖。这些可以理解为平台经济的特点，即互联性、模块化和网络效应[1]。

上述特点导致所谓的"倒立公司"现象，即数字平台通过吸纳诸多互相依赖的用户群体，使用开放的外源合同而非封闭式垂直整合或子合同来创新和扩大规模。[2]相较于在公司内部进行功能融合，这些行为体外化生产，使其成为"互补者"实现增长。这促成了一个丰富的生态系统，通过技术标准与合同规则维持此生态系统的秩序。但与此同时，这也为恶意竞争、阻碍创新和滥用公共政策提供可乘之机。

1　第一个术语（互联性）指同一生态系统中不同物种互相联系的方式。第二个术语（模块化）则是一种系统属性，用于测算同一生态系统中紧密相连的部分各自分离为不同群体和集群的程度，它们更愿意与自己而非其他群体互动。最后，网络效应指的是产品或服务创造更大价值，有更多人愿意使用——可以是直接的（若价值来源于同一组用户），也可以是间接的（若价值来源于另一组用户，这两组用户通过广告商等平台互相连接）。

2　Geoffrey Parker, Marshall Van Alstyne, Xiaoyue Jiang, "Platform Ecosystems: How Developers Invert the Firm", *MIS Quarterly*, 41(1), 2017, pp.255−266.

协调者实施的竞争战略是通过开放标准吸引互补者进入数字生态系统，促进价值创造直至互补者获得大量用户，随后融入互补市场。

考虑到协调者促成的各类商业活动，在选择追求整合的互补者市场时有一定的可选择性，协调者应仔细考虑干扰某一互补者商业活动的可能性。当下，这种策略可能是反竞争的，协调者可能会限制互补者，而非协调者开发的产品或服务。例如，收取高昂中介费，减少交易数据的获取，突然或反复修改评级标准，限制生态系统中互补者为消费者提供的服务，同时避免将这些规则应用于协调者或其关联方。究其核心，这些必要限制措施都与协调者平台有效的互操作性能力相关。

相应地，针对这种情况的有效补救方案不应被技术互操作性的概念限制，监管者应当规定好什么是"公平的互操作性"，这意味着新加入者不仅可以进驻平台，也可以跟其他人一样适用平等的条款。[1]

三、互操作性：涵盖技术与法律两个层面的概念

互操作性的定义是指两个及两个以上系统或应用相互交换和利用信息的能力。[2]从根本上而言，互操作性是一种通过系统、应用或组件传输、使用有用数据和其他信息的能力。

互操作性需考虑系统的不同层面，包括技术、数据、人文和制度。互操作性的人文和制度层面通常甚至比技术层面更重要，这在电信领域尤为明显，原因是网络互操作性是实现端到端连接的关键要素。全球使用老式公共交换电话网络的人能与他人联系的最主要原因就是互操作性。

在实际情况中，要实现互操作性需要有一套可共享的标准。标准是互操

1 Gregory S. Crawford, David Dinielli, Amelia Fletcher, Paul Heidhues, Monika Schnitzer, Fiona M. Scott Morton, Katja Seim, "Equitable Interoperability: the 'Super Tool' of Digital Platform Governance", *Tobin Centre Policy Discussion Paper*, No.4 (July 13, 2021).

2 ITU, "Interoperability in the digital ecosystem", GSR Discussion Paper, 2015, http://www.itu.int/en/ITU-D/Conferences/GSR/Documents/GSR2015/Discussion_papers_and_Presentations/Discussionpaper_interoperability.pdf.

作系统设计的监管工具，各个领域都有自己的监管机构，或公或私。例如，信息通信技术领域负责国际标准制定的最著名的政府间组织是国际电信联盟。此外，还有互联网工程任务组，这是一个专注互联网技术开放标准的机构，由代表私营实体的工程师、一小部分学者及监管机构组成。这类机构在技术标准制定方面发挥着至关重要的作用，这些标准是提出工程和技术需求的参考文件，适用于系统或系统组件设计，可以帮助服务和交换信息得以更有效地使用。

持续接收和传输数据的互联技术正逐步成为标准，互操作性的概念日益重要，设备、汽车、引擎和手机间的交流只有在互操作的基础上才能实现。因此，在全球互联的生态系统中，互操作性为进一步推动互联网的可持续发展发挥了重要作用。

（一）如何助力互操作性实现

实现互操作性是国际电信联盟制定《国际电信规则》的主要目的之一。《国际电信规则》强调"促进实现全球互联互通和电信设施的互操作性，促进技术设施的和谐发展和高效运行，同时也确保国际电信服务的效率、有效性和可用性"[1]。互操作性可以经公私行为体推动，行为体的行为可以是单方面的，也可以是集体行为。因此，公私部门有极大的共同协作空间，可以共同开发促进互操作性的工具。

私营行为体可以通过技术协作促进互操作性。在描述包含零售商、制造商、支付处理商和银行等商务领域的广泛合作时，移动支付是一个经常提及的例子，标准（包括非专有开放标准）也是非常重要的选择。私营行为体可按标准协作，实现更高水平的互操作性。即便标准在实现高度互操作性方面有着极大潜力，但其有效性也是有限的。

影响互操作性的监管决策包括过于频繁的单边行为和协作行为。监管者可能强制采用互操作性标准，这是一个有效方法。然而，一旦标准过时，政府很难在新形势下应用这些规则，同时也缺乏足够的经验选择更高效的标准。监管者会强制披露搭建互操作系统、组件和应用等重要信息。

1　Art. 1.3, "International Telecommunication Regulations (ITRs)", https://www.itu.int/en/wcit-12/Pages/itrs.aspx.

在有些情况下，监管者可以要求行业参与者披露信息，让参与者自行解决对价或赔偿等细节。[1]此外，知识产权法也认同明确的互操作性免责条款，例如欧盟的软件指令，以及将工程特例转换为商业机密的免责。[2]

最后，可通过竞争法这类事后干预措施，进一步提升互操作性。然而，这类干预措施因其事后性质和程序性延误，无法紧追技术和互联互通标准的快速变化，局限性显而易见。

（二）法律互操作性：监管体系能否实现互操作？

我们还可以从法律层面促进互操作性。法律互操作性可以让一个国家内部不同管辖或行政层面有关同一话题的规则互相兼容。与技术互操作性一样，法律互操作性也促进了不同系统间信息的交换。技术和法律系统的互操作性让个人，尤其是互联网用户可以跨境获取或提供服务，能够在不同系统中享受平等的权利保护，这一切都要归功于相互兼容的规则、原则和程序。[3]

不同司法体系相互操作所需的"模型与规则组"，可以由参与者在平等的基础上通过协调加以完善，也可由具备不对称实力的一方单方面强加于另一方，或通过跨国扩散进行。协调依赖于众多政府行为体的共同努力，为共同面对的问题制定一个妥当的解决方案。为此，公共部门应当制定共有的监管工具，旨在促进信息、人员、货物、服务和资本的自由流动。协调通常会通过双边、诸边或多边论坛中的政府谈判进程来支持法律互操作性。[4]

1　Art. 1.3, "International Telecommunication Regulations (ITRs)", https://www.itu.int/en/wcit-12/Pages/itrs.aspx.

2　Nicolo Zingales, "Of Coffee Pods, Videogames, and Missed Interoperability: Reflections for EU Governance of the Internet of Things", TILEC Discussion Paper, No.2015−026, December 1, 2015, https://ssrn.com/abstract=2707570; Ioannis Lianos, Nicolo Zingales, Andrew McLean, Azza Raslan, "The scope of competition law in the digital economy", *Pravovedenie*, 63 (4), pp.522−572.

3　Luca Belli, Nathalia Foditsch, "Network Neutrality: An Empirical Approach to Legal Interoperability", L. Belli, P. De Filippi (eds.), *Net Neutrality Compendium: Human Rights, Free Competition and the Future of the Internet*, Springer, 2016; Luca Belli, "Data Protection in the BRICS Countries: Enhanced Cooperation and Convergence towards Legal Interoperability", *New Media Journal*, Chinese Academy of Cyberspace Studies, 2021.

4　H. Jörgens, "Governance by Diffusion−Implementing Global Norms Through Cross-National Imitation and Learning", Environmental Policy Research Centre of FFU-report, 2003−07; L. Belli, "De la gouvernance à la régulation de l'Internet", Berger-Levrault, 2016.

与前两种情况不同，跨国扩散可以依靠高效的规则和程序采用、程序复制，与在没有制度协议的情况下进行的协调和实施有所不同。就此而言，国际论坛和跨国非政府组织是跨国扩散的媒介，即便这些实体缺乏制度合法性，也会对政策发展施加相关影响。[1]

运营商和服务提供商出于效率考虑自愿采用这些标准。事实上，互联网的日常运营确是基于"自愿遵守互联网标准的开放协议和程序"[2]，通过"组织松散的、自治的国际协作"实现端到端通信[3]。

互操作性由于极大促进了技术的可扩展性，有利于促进竞争和创新、提升政府服务条款效率、降低技术成本等。总的来说，技术互操作性利大于弊。未来，应探索从监管层面，而非单单技术层面促进互操作性。不同司法体系的共有规则和原则有可能降低交易成本，减少跨国贸易壁垒，保护基本权利等。

四、金砖国家的主要发展现状

过去几年，监管者对于开放且具有互操作性的数字生态系统的理解，在金砖国家内部形成了一种新兴趋势。在多个平行倡议中，中国也许是在将公平互操作性原则融入监管框架方面做得最好的国家。最重要的进展是中国九个部门在2021年1月19日联合发布的《关于推动平台经济规范健康持续发展的若干意见》[4]（以下简称《意见》）。《意见》面向所有当地政府，督促平台企业提升算法透明度与可解释性，促进算法公平；断开支付工具与其他金融产品的不当连接；规定企业不得在支付过程中要求"二选一"，或滥用非银行支付服务相关市场支配地位。

印度对可互操作的数字生态系统表现出极大的兴趣，并做出相应承诺。印度中央银行再次扮演了关键角色，将统一支付接口打造为公共设施，促进所

1　D. Béland, M. A. Orenstein, "How Do Transnational Policy Actors Matter?", Annual Meeting of the Research Committee 19 of the International Sociological Association, (Montreal), 2009.

2　S. Bradner, "The Internet Standards Process-Revision 3", *Request for Comments: 2026*, (1996).

3　Ibid.

4　《国家发展改革委等部门关于推动平台经济规范健康持续发展的若干意见》（发改高技〔2021〕1872号），http://www.gov.cn/zhengce/zhengceku/2022/01/20/content_5669431.htm。

有官方支付服务提供商的互动。[1] 印度的特殊做法在于，印度政府为电商提供共同的数字电商开放网络，使卖家可以在多个电商平台同步管理产品的分销。[2] 政府也正试图复制相似的经验，共享非个人数据或对其进行再利用，此外，还发布了为开发者建立开放指令系统——India Stack 的提案，在安全和标准化的前提下共享数据。[3]

第三位主要参与者是俄罗斯，其央行不仅为开放银行业制定了监管框架[4]，还制定了有关数字生态系统中潜在监管方案的政策文件[5]。竞争监管部门重点关注谷歌和苹果应用商城生态系统中的互操作性和非歧视条款，以便更好地为国内竞争者开放数字应用市场。

巴西的经验与上述趋势一致。最突出的例子是巴西金融行业竞争监管部门确保支付系统[6]的非歧视和互操作性后，为了对开放银行[7]和即时支付进行监管，巴西央行着手搭建了共同基础设施[8]，并在医疗健康[9]和餐食外卖[10]等领域提出开放和标准化基础设施为目标的倡议。此外，巴西也为监管协调提供了前瞻性框架，赋权国家数据保护部门提供互操作标准。[11]

南非尚未主动提出实现互操作性的解决方案，但南非竞争委员会于2021年4月9日发布了为期18个月的线上中介平台调查项目，旨在专门研究这些市场的

1　https://www.npci.org.in/what-we-do/upi/product-overview.

2　https://www.business-standard.com/article/economy-policy/india-to-launch-open-e-commerce-network-to-take-on-amazon-walmart-122042801460_1.html.

3　https://www.medianama.com/2022/06/223-new-data-governance-policy-privacy/.

4　https://www.finextra.com/pressarticle/88494/russia-welcomes-first-open-banking-participants.

5　https://www.cbr.ru/eng/press/event/?id=9718.

6　https://cdn.cade.gov.br/Portal/Not%C3%ADcias/2019/Cade%20divulga%20estudo%20sobre%20mercado%20de%20instrumentos%20de%20pagamento__Cadernodeinstrumentosdepagamento_27nov2019.pdf.

7　https://www.bcb.gov.br/estabilidadefinanceira/openbanking.

8　https://www.bcb.gov.br/estabilidadefinanceira/pix.

9　https://www.openhealthbr.com.

10　详见https://valor.globo.com/empresas/noticia/2022/06/07/open-delivery-tem-novas-adesoes.ghtml。此外，3月28日，里约热内卢发布了"开放"外卖应用，餐厅可以自行负责外卖服务。这一应用实现了外卖系统的互操作性，这一系统不来自应用本身，因此促进了外卖员价值共享，以及更优良的工作环境。详见https://prefeitura.rio/fazenda/prefeitura-lanca-aplicativo-de-delivery-que-preve-taxa-zero-para-restaurantes-e-o-dobro-da-remuneracao-para-entregadores/。

11　Art 40 of the Brazilian General Data Protection Law, or LGPD.

特点，观察哪类市场有可能阻碍平台竞争，哪类市场有可能歧视或剥削商业用户，或是有可能对过去处于弱势地位的中小企业经营者造成负面影响，以便检验和解决影响数字生态系统开放性的关键互操作性问题。

五、结语

本文旨在阐释开放且可竞争的数字生态系统的背景与发展方向；阐述了金砖国家以双重身份合作的相关性，这种双重身份即创新推动者和全球治理者，尤其是网络空间全球治理的支持者。我们的目标是找出一条实践之路，让这种合作可以为促进经济发展或提升更广义的社会效益提供有效机制。

这个解决方案旨在从两个方面实现互操作性：首先是技术层面，这里指的不仅仅是互联互通，也指互补产品和服务的平等对待，应将其视作一个促进公平、可竞争性和由下至上创新的工具；其次，金砖国家数字生态系统法律规则的互操作性将促进金砖国家愿景规范框架的落实，在保证开放和主权的同时，界定兼容原则及规则。

促进互操作性可以激发更多竞争，让更多初创企业和中小企业进驻市场，产出更多以用户为中心的解决方案，同时激励现有参与者提高质量，降低价格。为确保互操作性政策的讨论能平等地惠及发达和发展中国家，应在相关讨论中进一步分析发展中国家的特殊性。当前，围绕互操作性的讨论主要集中在西方国家，并不适合于全球南方国家，如金砖国家等主要参与者的现实情况及其需求。在此情况下，金砖国家成为"数字火车头"，通过将互操作性纳入议题清单，促进全球南方国家关于互操作性和数字政策的讨论，或可对传统意义上以西方为中心的观点起到制衡作用。

第三章

安全共同维护

建设更加安全的网络空间

——携手构建网络空间命运共同体

尤金·卡巴斯基（Eugene Kaspersky）[*]

摘　要： 实现真正的网络安全、建设更加安全的网络空间不仅要保护设备或制定技术解决方案，更要共同努力建设更加稳定、更具韧性、更受信任的网络空间。加强和改善政府、私营部门、网络安全社群、企业、学术界之间的信息交流和情报共享、汇聚各方力量、发挥各方专长和积极开展跨国合作等的必要性和重要性日益凸显。我们欢迎更广泛的网络安全社群和利益相关方对国际合作项目保持开放态度，共享信息，相互支持，形成合力，打击网络犯罪，维护网络安全。

关键词： 网络安全；数字化转型；数据安全管理；透明度；信任

数字化以及数字技术迅速融入人们的生产生活，正从根本上改变世界。受新冠疫情影响，数字化转型达到前所未有的规模。据国际数据公司（IDC）预测，全球数字化转型支出将在三年内达到2.8万亿美元。世界正在经历一场数字化产业和社会革命。

同时，数字经济高速发展给网络安全带来更大挑战。2021年，卡巴斯基的监测系统平均每天发现38万个新的恶意文件。网络犯罪瞄准工业、关键基础设施以及医疗机构。精密复杂、定位精准的恶意软件攻击，特别是勒索软件和供

---

* 尤金·卡巴斯基系卡巴斯基创始人、首席执行官。

应链攻击暴露了企业、公共和私营机构以及关键基础设施等存在的漏洞和风险，造成巨大的经济损失。欧盟委员会曾推测，全球因网络攻击带来的经济损失已从2015年的2.5万亿美元升至2020年的5.5万亿美元。

数据的可信处理和安全性自然成为确保国际社会自由、和平、健康、繁荣最重要的基础之一。我们必须加强数据保护，重视网络安全。此外，新冠疫情和当前动荡的地缘政治现实，让人们重新关注网络安全以及网络空间信任和稳定问题。

当前，地缘政治的紧张局势确实带来了严峻挑战，特别是日益增加的不信任导致网络空间碎片化以及网络犯罪滋生。有观点认为，信息技术安全产业与全球政治相互交织。如今，越来越多的国家采取不同的数据保护和网络安全监管方法，与此同时，地缘政治动荡又加剧了极化趋势。但全球网络空间的格局并不是恒定不变的，我们依然可以对未来怀有美好的愿景。

全球应建立信任、携手共进、开展国际合作和知识共享，共同应对威胁。加强和改善政府、私营部门、网络安全社群、企业、学术界之间的信息交流和情报共享，鼓励可信的漏洞信息披露，汇聚各方力量、发挥各方专长和积极开展跨国合作等，在当前尤为重要。当前不同国家、市场、行业对立法和指令的不同诠释导致监管规则碎片化。我们必须形成合力，建立可互操作的监管方法，构建安全韧性的网络世界。

在这场网络安全斗争中，国际合作在技术领域发挥着重要作用。例如通过分享情报数据，可以更好地识别、发现和应对更隐蔽的网络威胁。联合行动是提升信任的关键，应当开展国际合作，特别是与国际刑警组织、计算机应急响应小组等进行合作。"拒绝勒索软件"项目（NoMoreRansom）就是联合行动的一个典型案例，该项目由公私部门持续合作，帮助勒索软件受害者，特别是极易成为勒索软件攻击目标的医院免受侵害，使网络空间更加安全。

在涉及更广泛的社群和多利益相关方群体方面，一系列行动正在推进。例如2021年成立的《网络空间信任与安全巴黎倡议》工作组，该倡议于2018年由法国总统马克龙发起，得到全球1100多个公共和私人、企业和社会团体等支持。为推动更加紧密的国际合作，法国外交部成立6个工作组，卡巴斯基与法国信息业团体公共管理部门数字协会（Cigref）担任第六工作组的联合主席，并得到了法国巴黎第八大学数字空间地缘政治中心的专家支持。卡巴斯基为该倡议的支持者提供实践工具，帮助他们提升网络安全水平，应对信息通信技术供应链安全问题。

网络空间国家间信任增加的另一个积极信号是，2021年联合国层面通过了一项共识报告。卡巴斯基在文书和与利益相关方的非正式会议中分享知识和专业技术。联合国正在推进打击网络犯罪全球公约谈判，表明国际社会正逐步采取坚定措施，提升打击跨境网络犯罪的成效。

作为一家网络安全公司，卡巴斯基也在增强现代软件产品的安全性，通过优先考虑透明度和问责性来增强信任。具体而言，卡巴斯基发起《全球透明度倡议》，并采取一系列综合性措施提升解决方案和工作流程的可见性，保障产品的全过程可信性。例如，开放本公司的源代码供独立审查，采用第三方评估，包括政府部门和合作伙伴对软件源代码进行审查，四大会计师事务所开展独立的SOC2审查（一项专门针对服务高安全性、高保密性、高可用性的鉴证标准），以及进行信息安全管理体系（ISO27001）认证。

实现真正的网络安全、共同构建更加安全的网络空间，不仅要保护设备安全或制定技术解决方案，更要共同努力建设更加稳定、更具韧性、更受信任的网络空间。我们欢迎更广泛的网络安全社群和利益相关方对国际合作项目保持开放态度，共享信息，相互支持，形成合力，打击网络犯罪。网络安全不仅需要这样做，也取决于此。卡巴斯基将继续增加在数字信任和透明度方面的投入，为数字化转型提供全面充分的网络安全保障。

防范和打击网络恐怖主义
深化和推动国际治理合作

吴沈括　甄　妮[*]

摘　要：随着云计算、大数据、物联网、人工智能等新一代信息技术的迅猛发展，人们的生产生活方式正发生着深刻变革，网络恐怖主义也趁势而起，成为蔓延至全世界的毒瘤，对全人类社会发展和网络空间安全造成巨大威胁。当前，世界处于百年未有之大变局与瞬息万变之世纪疫情交织叠加的动荡变革期，防范和打击网络恐怖主义，深化和推动国际治理合作成为时代课题与当务之急。因此，世界各国应尽快摒弃利益分歧、增进战略互信、推动秩序共建、加强国际合作、共享治理成果，为防范和打击网络恐怖主义探索新的路径与方案。

关键词：网络恐怖主义；全球治理；网络空间命运共同体

一、全球化背景下网络恐怖主义的特点与趋势

网络恐怖主义产生于互联网飞速发展的时代背景下，依托先进的互联网技术扩散蔓延。相较传统恐怖主义，网络恐怖主义具有更加复杂的特征，更加多元的类型，治理难度更大。

---

* 吴沈括系北京师范大学互联网发展研究院院长助理、博导，中国互联网协会研究中心副主任；甄妮系北京师范大学法学院法律硕士。

（一）网络恐怖主义活动的特征更复杂

网络恐怖主义是信息网络时代传统恐怖主义的进一步纵深发展，其本质上并未脱离涉恐范畴，具有恐怖主义的特征。网络恐怖主义作为一种新兴事物，其较传统恐怖主义活动呈现出新特点，主要表现在如下几方面。一是软暴力性。传统恐怖主义一般表现为采取杀人、绑架、爆炸等直接硬暴力手段将袭击对象置于恐怖氛围中，往往伴随流血冲突和人员伤亡；网络恐怖主义则表现为以网络作为袭击目标或者以网络作为达成恐怖主义目的的媒介，采用宣传、招募、培训等软暴力手段，并不直接使用硬暴力制造恐怖气氛。二是全球蔓延性。在传统恐怖主义活动中，活动范围往往有限，即使经过谨慎而周密的策划，一次也只能够在特定的区域内发动恐怖袭击；网络恐怖主义可以突破时空限制，通过网络将"邪恶的触角"伸向全球范围内任何角落，袭击全球范围内任何地方的任何人或物，造成的恐怖氛围和恶劣影响可在全球范围内无限放大、无限延伸。三是水平协调性。传统恐怖组织等级分明，恐怖分子与恐怖组织间常具有强烈的人身依附性关系；网络恐怖主义中，恐怖分子之间通常无等级隶属关系，分布较为零散，呈现出一种水平协调式的组织结构[1]。四是成本低廉性。在发动传统恐怖袭击之前，恐怖组织通常需要投入大量资金和时间招募人员、购买武器、准备车辆等；而在互联网时代，一台能够连接网络的电脑就能使恐怖分子利用网络实施恐怖主义活动，极大地降低犯罪成本。五是强隐蔽性、难防范性。在传统恐怖袭击发生前，国家反恐部门可以根据恐怖组织武器弹药的购买记录、房屋车辆的租赁记录以及银行资金账户的变动等线索分析判断恐怖组织的行动轨迹；但在互联网技术高度发展的今天，一方面恐怖分子可使用各种先进的技术手段隐藏IP地址，虚拟或者隐匿身份，增加反恐难度，另一方面暗网（Dark Web）的存在也为恐怖分子提供了更加隐蔽和便利的犯罪平台。[2]

1　蔡翠红、马明月：《以"伊斯兰国"为例解析网络恐怖活动机制》，载《当代世界与社会主义》，2017年第1期，第150页。

2　张伟伟、王万：《暗网恐怖主义犯罪研究》，载《中国人民公安大学学报（社会科学版）》，2016年第4期，第16页。

（二）网络恐怖主义活动的类型更多元

随着互联网逐渐成为人们日常工作生活不可或缺的组成部分，网络也越来越为恐怖分子所关注和利用。一方面，恐怖分子会针对计算机系统发动攻击，通过对计算机信息、数据和系统进行远程控制、篡改和破坏，对关键基础设施发起恐怖袭击，从而达到其犯罪目的。另一方面，恐怖分子利用互联网开放、共享、快捷、虚拟等特点，借助互联网平台实现其恐怖主义目的。具体而言，一是利用网络制造社会恐慌。恐怖分子逐渐将推特、脸书、即时通讯软件"电报"（Telegram）、图片分享平台"照片墙"（Instagram）、优兔等主流社交媒体平台发展成为其意识形态宣传的"主战场"，通过发布与传播煽动性言论进行思想渗透，甚至精心制作带有恐怖主义的宣传内容蛊惑人心，如炸弹和化学武器的制造方法宣传册；同时，恐怖分子常会借助网络平台便捷迅速的特点发布传播暴恐音视频来刺激公众神经，制造社会恐慌，这也是恐怖分子普遍使用的传播手段。二是利用网络进行活动组织与策划。一台电脑和一根网线就能实现组织人员之间的即时高效沟通，也能实现参与人员的有序调配，尤其是近年来各种移动终端如手机的出现更使得这种沟通交流迅速便捷。三是利用网络进行情报收集与共享。当下，网站和网页数量庞多，资讯覆盖全面，恐怖分子进行情报收集共享十分便利。四是利用网络进行人员招募与培训。网络的开放性和全球性等特征已经使得互联网平台成为恐怖分子进行人员招募和培训的"主要阵地"。恐怖组织可通过设立网站，注册社交账号等途径大肆宣扬和传播涉恐、极端主义思想，进行意识形态渗透。一些激进极端的人员受到蛊惑，甚至加入其中。对于招募到的潜在恐怖分子，恐怖组织还会进行系统在线培训，教授他们发动恐怖活动的相关技能，传授其涉恐工具的使用方法及其他相关操作。五是利用网络进行资金筹措与洗钱活动。网络恐怖主义活动同样需要大量的资金作为支撑。恐怖组织的资金来源多元，大部分集中于慈善捐款、毒品贩卖和金融诈骗等。而网络为其进行资金的筹措与洗钱提供了方便的平台，尤其是比特币的兴起更为恐怖组织在网络上募集和转移资金提供了极大便利。

（三）疫情下网络恐怖主义威胁加大

当前，网络恐怖主义势头有增无减，国际反恐形势严峻复杂，尤其是2020年突如其来的新冠疫情肆虐全球，网络恐怖主义借势在全球蔓延。一方面，民众社交场合的转变为恐怖分子的宣传与招募提供了蔓延土壤。疫情期间，各国采取不同程度的封锁措施，远程办公、远程医疗、在线教学、居家抗疫成为社会生活的主流，人们使用互联网的时间大幅增加，网络社交活跃度高于以往，网民在上网过程中可能会通过互联网接触到涉恐信息与音视频等，并受其影响。同时，伴随新冠疫情蔓延与经济下行双重影响，加之部分西方国家抗疫不力，多数民众面临收入锐减甚至失业的经济困境，对社会与政府的仇恨不满与日俱增，为恐怖组织所捕捉和利用。2020年6月，联合国安理会反恐怖主义委员会发布报告《新冠肺炎疫情对恐怖主义、反恐及打击暴力极端主义的影响》称，恐怖组织正利用疫情发动"宣传战"，伺机发动恐怖袭击。另一方面，各国防范重心的转移为恐怖分子提供了可乘之机。澳洲经济与和平研究所（IEP）发布的《2020年全球恐怖主义指数》指出，随着政府将国家治理重点从打击恐怖主义逐渐转向抗击新冠疫情，恐怖组织趁机巩固和扩张势力，利用当局政府抗疫不力的空当，通过趁机向民众提供重要物资、服务与社会关怀笼络人心。"基地"组织和"伊斯兰国"都发布了关于新冠疫情的正式声明，为阻断传播疫情提供指导方针，呼吁西方的非穆斯林利用这一时期加入伊斯兰教，并敦促其追随者继续积极发动全球圣战和恐怖袭击。[1]

二、防范和打击网络恐怖主义面临的现实困境

随着网络空间逐渐成为国家安全的新领域，网络空间的有效治理刻不容缓，防范打击网络恐怖主义任重道远。但是，由于当前各主权国家间包容性价值共识的缺乏、共同性准则规范的缺失及合作性技术交流的缺位，防范和打击网络恐怖主义面临着严峻而复杂的现实困境。

1　"Global Terrorism Index 2020"，https://reliefweb.int/report/world/global-terrorism-index-2020-measuring-impact-terrorism，最后访问时间：2022年8月28日。

一是包容性价值共识缺乏。各国高度重视对网络空间的布局谋划。网络空间成为各方博弈的重要战场，但是国家间包容性价值共识的缺乏严重制约了对网络空间和网络恐怖主义的有效治理。一方面，各国或因所处阶段不同、国情不同，对于网络空间的现实诉求在一定程度上有所差异甚至对立。如有的国家主张"网络主权"，有的国家则主张"网络自由"；如有的国家推行网络霸权主义，而有的国家则追求网络共享共治。[1]这种利益诉求的矛盾一定程度上制约了对网络恐怖主义的治理。此外，政府机构（作为监管机构）主要追求国家安全利益，私营企业（作为被监管机构）主要追求自身经济利益，二者之间的冲突一定程度上也会影响网络恐怖主义的治理进程。另一方面，在对待网络恐怖主义的态度上，有的国家一贯采用双重标准，一边打着"打击网络恐怖主义、维护国家安全"的旗号，利用先进网络技术对他国关键基础设施进行攻击，制造恐慌，另一边则打着人道主义的幌子，对于发生在其他国家的网络恐怖主义行为进行干涉。

二是共同性准则规范缺失。当前，虽然联合国层面提出多项决议，呼吁各成员国防范恐怖分子利用互联网手段煽动犯罪的行为，但其呼吁和号召散见于各决议之中，且内容多有重合、较为分散，制度相对匮乏。区域性国际组织如欧盟方面出台多种公约文件，虽然部分规定可以作为打击网络恐怖主义的替代依据，但签署成员较少且并非专门针对网络恐怖主义，故防范效果不佳。各主权国家根据国情及现实需求的不同，出台制定不同的战略文件或政策规范，这些规范指引缺乏统一性。总之，目前国际社会还没有一部关于打击网络恐怖主义的统一的国际公约，制度规范缺乏针对性。由于各国共同认可的国际性准则规范缺失，使得网络反恐合作的合法机制和法律依据有所欠缺，严重阻碍了全球范围内的网络反恐实践活动。

三是合作性技术交流缺位。一方面，对数量繁多的网络涉恐信息（如文本、图像及音视频等）进行精准识别、挖掘和过滤是网络恐怖主义内容治理的重要举措，但是目前大多数国家涉恐信息识别技术仍相对滞后[2]。另一方面，各

---

1 苏红红、郭锐：《网络恐怖主义国际治理的制度困境与优化路径》，载《情报杂志》，2020年第2期，第22页。

2 梅毅等：《网络中涉恐信息的高效挖掘模型研究与仿真》，载《计算机仿真》，2015年第5期，第302页。

国虽然网络普及程度不一，遭受网络恐怖主义活动侵害的潜在危险性却并无差异。各国之间开展必要的技术交流及情报分享，建立合作共享机制是大势所趋。但目前各国由于现实需求等原因，并未在更大程度上进行反恐技术的交流与合作，这也制约了网络恐怖主义有效治理的推进。

三、防范和打击网络恐怖主义的国际治理路径

网络恐怖主义已经成为全球公害，严重威胁世界和平、安全与稳定，没有国家可以独善其身。只有国际社会一道坚持以构建网络空间命运共同体为价值指引，共商网络恐怖主义治理理念、共建网络恐怖主义治理规则、共促网络恐怖主义治理合作，才能推动全球网络恐怖主义治理朝着更加明朗合理的方向发展。

一是共商网络恐怖主义治理理念。网络恐怖主义治理，理念共识是基础。当前，对于网络恐怖主义的治理，国际社会缺乏统一的价值共识。部分国家企图追求网络空间国际规则制定的绝对话语权和网络空间霸权，阻碍国际合作开展。各方应当适当摒弃利益分歧和"零和思维"，增进战略互信，凝聚价值共识，寻找网络恐怖主义治理的共同价值支点。

二是共建网络恐怖主义治理规则。网络恐怖主义治理，规则引领是核心。当前网络恐怖主义跨国滋长蔓延，地缘争端和病毒肆虐不断冲击，出台专门打击网络恐怖主义的国际公约已经迫在眉睫。国际社会在谴责网络恐怖行为的同时，应积极在联合国框架下推动制定打击网络恐怖主义的专门公约。国际社会应当共同构建和平、安全、开放、合作、有序的网络空间，建立多边、民主、透明的全球互联网治理体系，以体系搭建、规则建构、制度落实，推动网络恐怖主义全球治理体系的深刻变革。

三是共促网络恐怖主义治理合作。国际合作是网络恐怖主义治理的关键。习近平主席指出："国际网络空间治理应该坚持多边参与、多方参与，发挥政府、国际组织、互联网企业、技术社群、民间机构、公民个人等各种主体作用。"国际社会应当在联合国框架下开展网络反恐国际合作，加强区域和次区域组织合作，坚持网络反恐国际合作的双边与多边机制，构建更加多元的防范和打击网络恐怖主义合作新机制。

以安全机制构建网络空间命运共同体的实践与前景

蔡　杨　邓珏霜　李阳春[*]

摘　要：网络安全关系国家安全、社会稳定和经济繁荣。维护网络安全是各方推动构建网络空间命运共同体的主要动因及关键目标。当前，全球网络空间安全形势错综复杂，网络空间治理面临多重困境和挑战，迫切需要在机制层面进行新的探索和尝试。作为互联网大国，中国积极提供网络安全规则公共产品，支持传统安全机制提升网络安全风险治理能力，完善网络安全能力建设与互助机制。面对新技术治理需求持续增长，国际社会也应拓展合作领域，推动联合国、区域及双多边网络安全机制的建设，携手应对网络安全风险挑战，推动构建网络空间命运共同体。

关键词：安全机制；网络空间命运共同体；网络安全

当前，全球网络安全形势日趋严峻，网络监听、网络攻击、网络犯罪和网络恐怖主义成为全球公害，网络空间霸权主义、单边主义、保护主义持续抬头，各方普遍接受的网络空间安全治理和约束机制仍然缺失。如何统筹网络空间安全与发展，应对网络安全治理挑战，是人类面临的共同难题。探索全球网络安全新规范及新机制，构建公道正义、共建共享的网络安全格局，是推动构建网络空间命运共同体的应有之道。

---

* 蔡杨、邓珏霜、李阳春均系中国网络空间研究院国际治理研究所助理研究员。

一、全球网络空间安全困境

一是大国竞争深刻影响网络安全生态。进入信息时代，网络空间已成为大国地缘战略竞争的重点领域，大国竞争的逻辑开始主导网络空间国际治理进程。[1]网络安全问题从技术逻辑主导转向政治逻辑主导。一方面，部分国家凭借在网络空间的先发优势，假借网络安全名义，人为制造数字壁垒，阻碍许多国家开展基于互信的数字领域国际合作，加深国家之间的政治隔阂，导致网络空间陷入不稳定状态；另一方面，原有网络空间治理体系和规则难以满足时代需求，传统国际协调机制在大国博弈和国际格局变化中不断被弱化，甚至面临难以为继的风险，网络安全公共资源依旧稀缺和匮乏，网络安全规则和机制赤字问题显现。

二是网络空间军事化态势冲击国际安全秩序。面对日益严峻的网络安全形势，越来越多的国家将网络安全提升至国家安全的战略高度。然而，部分国家借增强网络安全能力，以"强化网络防御、事件响应、行动协调、攻击溯源"等为名，不断强化网络威慑，加速组建网络部队，建立网络军事同盟，扰乱国际网络安全秩序。与此同时，以人工智能、大数据、量子计算等为代表的颠覆性技术迅猛发展，并广泛应用于军事领域，可能全面改变未来战争形态，给战略安全、治理规则、伦理道德等领域带来复杂影响，给国际安全带来潜在挑战。

三是部分非国家行为体介入国家冲突，威胁网络空间安全稳定。网络空间非国家行为体活跃，深度参与网络空间发展与安全进程，大型科技公司凭借其掌握的技术、数据及舆论平台，日益影响国家发展和安全。一些西方智库机构甚至称，大型科技公司在数字时代已经拥有"准主权地位"[2]。例如，在俄乌冲突中，部分西方大型科技公司对俄实施"禁运""断供""禁声""停服"等制裁措施，加剧国家间竞争对抗。此外，现有网络安全机制对黑客组织的监管方式十分有限，黑客组织公然介入国际冲突并"选边站队"，开展有预谋、有计

---

1 郎平:《国际格局变迁对网络空间国际治理的影响》,载《北京航空航天大学学报（社会科学版）》,2021年第5期。

2 https://www.eurasiagroup.net/issues/top-risks-2022,访问时间：2022年6月5日。

划的网络攻击活动，加剧网络安全复杂态势。例如，全球最大的黑客组织"匿名者"（Anonymous）就俄乌冲突宣布对俄罗斯发动网络战争，并对克里姆林宫、俄政府和国防部等网站开展网络攻击。

四是新技术新产业发展增加网络安全风险。随着新一代信息通信技术的迭代升级，互联网与各行业深度融合，不断催生人工智能、物联网、云计算和区块链等新应用和新业务，传统安全边界和防护模式已无法有效应对层出不穷的安全问题。不法分子可利用新技术带来的漏洞和安全隐患侵害个人和企业利益，威胁国家安全。网络攻击参与者的进入门槛更低、攻击方式更激进，针对关键行业和新技术、新场景的网络安全威胁事件频发。根据《全球高级持续性威胁（APT）2021年度报告》，生物制药、航空产业、区块链等行业已成为APT活动关注的新兴领域。[1]同时，新技术新应用带来数据规模的爆炸式增长和数据模式的高度复杂化，部分不法组织、企业和个人违法获取、滥用和买卖个人隐私信息，直接威胁广大民众人身和财产安全。

二、以安全机制推动构建网络空间命运共同体的中国实践

国际机制是维护网络安全的重要基础，公平正义的网络安全机制有助于划分各行为主体在网络空间的责任和义务，维护网络安全稳定。中国作为全球互联网发展大国，超越西方传统的"零和"、霸权逻辑，坚持共同、综合、合作、可持续的网络安全观，以共享共治的思维应对复杂交织的网络安全挑战，提出构建网络空间命运共同体，并积极探索构建全球网络安全机制，持续为网络空间和平、发展和稳定注入中国智慧。

一是中国提出维护网络空间和平稳定的公共产品。规范规则是国际制度的基础，维持网络安全机制需要相应的网络安全规范规则。然而，网络空间无政府状态持续，尚未形成各方普遍接受的网络安全规则及机制。对此，中国为维护全球网络安全不断提供规则公共产品，提倡构建开放的公共产品供给体系，

---

1 奇安信公司：《全球高级持续性威胁（APT）2021年度报告》，2022年2月，https://ti.qianxin.com/uploads/2022/03/25/68f214e06e1983b73b7d0f2e075a5fa8.pdf。

主张各国公平分担责任与任务。[1]例如，中国倡导尊重网络主权原则，呼吁各国切实遵守《联合国宪章》宗旨和原则，尊重各国自主选择网络发展道路、网络管理模式、互联网公共政策和平等参与国际网络空间治理的权利。面对日益严重的全球数据壁垒和安全问题，中国在2020年率先提出《全球数据安全倡议》，围绕供应链安全、关键基础设施数据安全、个人数据安全、跨境数据调取等领域，呼吁政府、国际组织、信息技术企业、技术社群、民间机构和公民个人共商共建共享，共同促进数据安全，携手构建网络空间命运共同体。阿拉伯国家联盟、中亚五国先后与中国签署数据安全合作协议。在网络空间争端解决机制方面，中国主张超越"零和"思维，反对网络空间单边制裁，通过对话沟通增进战略互信，坚持以和平协商方式解决网络空间争端。中国提供的网络安全规则公共产品正得到越来越多国家的认可和支持。

二是中国支持传统安全机制提升网络安全治理能力。联合国作为当今世界最具普遍性、代表性、权威性的国际组织，为世界和平与发展作出巨大贡献。以联合国为代表的国际组织是国际安全机制的重要依托，理应成为网络安全主要治理平台。中国支持联合国在维护国际网络安全、构建网络空间秩序、制定网络空间国际规则等方面发挥主渠道作用[2]，践行真正的多边主义，积极在联合国框架下建立各方平等参与、开放包容、可持续的网络安全治理进程。在网络犯罪领域，中国支持在联合国框架下制定打击网络犯罪国际公约。2019年，联合国大会正式通过中国、俄罗斯等47国共同提出的《打击为犯罪目的使用信息通信技术》决议，正式开启谈判制定打击网络犯罪全球性公约的进程。中国积极参与联合国信息安全政府专家组和开放式工作小组，推动各方制定并践行普遍认可的网络空间行为准则。此外，中国支持上合组织、金砖国家、东盟地区论坛、亚信会议、亚非法律协商组织等区域组织和多边机构结合自身职能定位，务实推动网络安全合作，增强网络空间互信。如上合组织在地区反恐机构协调各国应对信息安全威胁方面，遏制网络恐怖主义蔓延[3]；金砖国家领导人第

1　程铭、刘雪莲：《共生安全：国际安全公共产品供给的新理念》，载《东北亚论坛》，2020年第2期。

2　《第72届联合国大会中方立场文件》，2017年8月29日，https://www.fmprc.gov.cn/web/gjhdq_676201/gjhdqzz_681964/lhg_681966/zywj_681978/201708/t20170829_9381696.shtml。

3　邓浩、李天毅：《上合组织信息安全合作：进展、挑战与未来路径》，载《中国信息安全》，2021年第8期。

九次会晤通过《金砖国家网络安全务实合作路线图》，成立金砖国家网络安全工作组，共同应对网络安全威胁。

三是中国推动完善网络安全能力建设与互助机制。能力建设和互助是国际网络安全国际合作的重要方面。2017年，中国发布《网络空间国际合作战略》，提出国际社会应为广大发展中国家提升网络安全能力提供力所能及的援助，补齐全球网络安全短板。中国积极践行相关承诺，坚定推动网络空间合作安全，构建平等互利的网络安全伙伴关系，不断完善互助机制，积极参与国际网络安全应急响应、网络执法、应急演练等活动，加强与各国信息共享和技术交流。当前，中国已和81个国家和地区的274个网络安全应急响应组织建立合作伙伴关系。[1]2021年以来，中国积极响应30余个国家和地区的233个执法部门提交的200余起网络犯罪案件协查请求。[2]中国与国际社会的技术交流和政策交流，有助于增进互信，减少信息壁垒，共同提升网络安全防护能力。

三、机遇与前景

面对网络空间安全挑战与治理赤字，仅靠中国推动安全机制建设显然不够，国际社会需要继续探索普遍接受的网络空间安全机制。当前，新技术发展带来合作治理契机，联合国网络安全治理作用增强，双多边和区域机制数字治理活力迸发，这些都使网络空间命运共同体的机制建设具有充分的现实可能性和广阔的发展前景。

一是新技术发展带来网络空间国际交流与合作新契机。当前，新技术新应用的不断涌现带来新的治理需求。世界经济论坛（WEF）指出，在第四次工业革命兴起的每项技术都带来了新的治理挑战，其广泛关乎个人隐私、社会发展与国家安全，与此同时也带来系列涉及数据安全保护与流动共享的"平衡性"难题。[3]面对新兴技术带来的治理难题，国际社会关于新兴技术治

---

1 《中共中央宣传部举行新时代网络强国建设成就新闻发布会》，2022年8月19日，http://www.scio.gov.cn/xwfbh/xwbfbh/wqfbh/47673/48845/wz48847/Document/1728843/1728843.htm。

2 中国网络空间研究院编纂：《中国互联网发展报告2022》，中国电子工业出版社，2022年10月。

3 World Economic Forum, "Global Technology Governance Report 2021", https://www.weforum.org/reports/global-technology-governance-report-2021，访问时间：2022年9月20日。

理的讨论日益增多，政府、国际组织、技术社群、行业组织等行为体对新技术治理展现出较高的合作意愿，并积极提出治理方案和路径。2021年11月，联合国教科文组织审议通过的《人工智能伦理问题建议书》，成为第一个全球性人工智能伦理规范文本；2022年6月，金砖国家领导人第十四次会晤上提出，要在人工智能领域推动和制定共同治理方式，在推动人工智能发展的同时，以符合伦理和负责任的方式使用人工智能。未来，各方可搭建更开放更广阔的交流平台，在新兴技术领域共同探讨治理规则，为构建网络空间安全共同体凝聚共识。

二是联合国网络安全治理主渠道作用日益加强。面对网络空间军事化、政治化、泛安全化和意识形态化愈演愈烈，联合国持续发挥在国际事务中的核心作用，稳步推进网络安全治理进程。联合国安理会在2021年6月首次举行网络安全问题公开会，15个安理会理事国代表强调网络空间受《联合国宪章》和国家主权原则在内的国际法约束，呼吁开展合作应对网络安全威胁和挑战。[1] 在联合国第二届信息安全开放式工作组会议上，各国参会代表普遍认同应当加强国家合作，克服单一国家应对复杂网络安全风险的有限性，继续推进以网络安全共识为基础的全球对话机制，重视提升发展中国家网络安全能力的必要作用。联合国启动打击网络犯罪全球公约进程，在各方支持下，公约特设专家委员会通过了公约框架和谈判安排。联合国是实践多边主义的最佳场所，是应对各种威胁和挑战的有效平台。网络空间和国际形势的不稳定性与不确定性仍持续加剧，国际社会更须坚定维护以联合国为核心的国际体系，抓住联合国改革及数字化转型契机，推动联合国在网络安全治理中发挥更有效作用。

三是双多边和区域治理活力迸发。当前，百年变局和世纪疫情叠加，世界进入新的动荡变革期。在网络空间探索出一条开放融通、相互合作、互信共治之道，成为绝大多数向往和平与发展国家的强烈愿望。近年来，东盟、中东、非洲等地区的发展中国家积极推进数字化转型，加强数字经济合作，成为网络

1　"'Explosive' Growth of Digital Technologies Creating New Potential for Conflict, Disarmament Chief Tells Security Council in First-Ever Debate on Cyberthreats"，https://www.un.org/press/en/2021/sc14563.doc.htm，访问时间：2022年9月20日。

空间治理的新兴力量，区域治理不断加强。上海合作组织、金砖国家等多边机制在打击网络犯罪、网络反恐、维护网络安全等领域发挥的作用和影响力不断提升。国际社会可通过积极搭建网络空间双多边和区域网络安全机制，加强政策对话和沟通协调，尊重彼此合理关切，团结合作应对挑战，为建设和平、开放、安全、合作、有序的网络空间创造条件，为构建网络空间命运共同体注入更强劲的活力。

金砖国家网络安全合作的进度、效度与未来

谢乐天*

摘　要：金砖国家网络安全合作于2011年金砖国家领导人会晤正式开启，是金砖国家针对互联网技术的更新迭代而开拓的合作新领域。作为一项新的研究议程，金砖国家网络安全合作在近些年取得了显著成绩，提出了诸多独特的"金砖方案"，合作动力正在不断加强。2022年金砖合作再度进入"中国年"，中国可同其他国家一道，积极开拓网络合作新领域，积极引领全球网络安全合作进程，推动金砖国家在第二个"金色十年"取得更大成就。

关键词：金砖国家；网络安全合作；全球非传统安全治理；金砖宣言

一、引言

金砖国家（BRICS）合作机制起源于新兴市场国家和发展中国家对2008年全球金融危机的反思，其最初关注议题是经济合作。2017年，在金砖国家领导人第九次会晤期间，金砖国家正式确立了经贸财经、政治安全、人文交流"三轮驱动"的合作架构。经过多年发展，金砖国家已成为全球治理的重要参与者、推动者和引领者，为全球发展合作举旗定向，为完善全球治理体系把脉开方。[1]

---

* 谢乐天系四川外国语大学金砖国家研究院实习研究员。

1 《谱写人类发展进步新篇章——国务委员兼外长王毅谈习近平主席主持金砖国家领导人第十四次会晤和全球发展高层对话会》，新华社，2022年6月24日。

　　世界经济论坛创始人施瓦布将互联网形容为"推动世界经济和社会变革的催化剂"[1]。但互联网在飞速发展的同时，虚拟技术滥用、网络犯罪、网络恐怖主义等问题也日益凸显。因此，作为新兴市场国家和发展中国家深入参与全球治理的金砖国家合作机制也围绕网络安全问题展开了诸多有益合作。

　　从金砖五国各自情况来看，五国均不同程度地面临着网络安全风险。为此，金砖五国均在近些年采取了一定措施以保护本国网络安全。中国《互联网信息服务管理办法》第十五条明确规定，互联网信息服务提供者不得制作、复制、发布、传播含有包括"反对宪法所确定的基本原则""危害国家安全，泄露国家秘密，颠覆国家政权，破坏国家统一""损害国家荣誉和利益"等在内的九种信息。[2]同样，俄罗斯在立法层面所制定的《国家信息安全学说》明确了保护俄罗斯关键信息基础设施、发展俄罗斯科学和信息技术、提供有关俄罗斯国家政策的准确信息以及在国内国际上担任官方职务方面内容，协助建立国际信息安全体系以保护俄罗斯在信息领域的主权。[3]印度则从法律法规、政策规划、组织结构、国际合作四大方面加速网络安全体系建设并形成了以《信息技术法》为核心的多部门法律体系。[4]巴西近些年网络安全防护能力也有了一定增强，其分管部门巴西科技创新和通信部也尝试加强政府和学术界在网络安全方面的联系并予以相应机构资金资助。[5]尽管南非在网络安全立法方面落后于发达国家，但其仍在2013年和2015年先后制定个人信息保护法（POPI）和国家网络安全政策框架（NCPF），用以确保互联网用户隐私并维护国家网络安全。[6]

　　本文旨在梳理历版金砖宣言相关条款，尝试回答金砖国家网络安全合作发

1　《世界经济论坛创始人施瓦布：人类正在迎接以互联网为核心的第四次工业革命》，2015年12月19日，http://www.cac.gov.cn/2015-12/19/c_1117622221.htm?from=singlemessage。

2　《互联网信息服务管理办法》，http://www.gov.cn/zhengce/2020-12/26/content_5574367.htm。

3　Olga Chislova and Marina Sokolova, "Cybersecurity in Russia", *International Cybersecurity Law Review*, Vol.2, No.2, 2021, pp.245-251.

4　华佳凡：《印度网络安全体系建设》，载《信息安全与通信保密》，2022年第6期，第21—31页。

5　Daniela Seabra Oliveira, et al., "Cybersecurity and Privacy Issues in Brazil: Back, Now, and Then", *IEEE Security & Privacy*, Vol.16, No.6, 2018, pp.10-12.

6　Ewan Sutherland, "Governance of Cybersecurity-The Case of South Africa", *The African Journal of Information and Communication*, Vol.20, 2017, pp.83-112.

展情况、金砖国家深入参与网络安全合作的动力，以及金砖国家网络安全合作的未来发展方向。

二、金砖国家网络安全合作历史沿革

梳理历次金砖国家领导人会晤及相应金砖国家宣言，我们不难看出中国在推动金砖国家网络安全合作中发挥着积极作用。2011年，在中国首次举办的金砖国家领导人会晤便对网络犯罪问题进行了讨论并发布《三亚宣言》，提出"承诺合作加强国际信息安全，并对打击网络犯罪予以特别关注"[1]。此后的一段时间内，金砖国家长期聚焦网络犯罪问题，一致同意在该问题上应当支持以联合国为核心的治理体系和遵守公认的国际法基本原则。[2]

随着金砖国家合作的不断深化以及互联网技术的更新迭代，金砖国家愈发重视网络安全的重要性并对全球网络秩序的构建提出"金砖倡议"。在2015年金砖国家领导人第七次会晤期间，轮值主席国俄罗斯将安全议题列为当年度金砖国家合作优先事项，金砖国家更为深入地就网络安全问题进行研究，推动制定落实《金砖国家确保信息通信技术安全使用务实合作路线图》，并公开呼吁建立一个公开、统一和安全的互联网。各国政府应发挥管理和保障国家网络安全方面的作用和职责，国际社会也应尽快制定普遍认可的网络领域行为准则。[3]

在2017年金砖国家领导人第九次会晤期间，中国以更为积极主动的姿态推动金砖国家网络安全合作。首先，《金砖国家领导人厦门宣言》涉及网络安全部分的篇幅长度为历次之最；其次，在传统网络安全合作领域，宣言将已有倡议具体化，强调"基础设施安全、数据保护、互联网空间领域制定国际通行的规则，共建和平、安全的网络空间"；再次，在开拓合作新领域方面，宣言首次将恐怖主义和网络安全两大非传统安全威胁联系起来，明确国际社会应"打

---

1 《金砖国家领导人第三次会晤三亚宣言》，载《人民日报》，2011年4月15日，第3版。

2 "BRICS and Africa: Partnership for Development, Integration and Industrialisation", BRICS Information Centre, 2013−03−27, http://www.brics.utoronto.ca/docs/130327-statement.html; "The 6th BRICS Summit: Fortaleza Declaration", BRICS Information Centre, 2014−07−15, http://www.brics.utoronto.ca/docs/140715-leaders.html.

3 "VII BRICS Summit: 2015 Ufa Declaration", BRICS Information Centre, 2015−07−09, http://www.brics.utoronto.ca/docs/150709-ufa-declaration_en.html.

击滥用信息通信技术的恐怖主义和犯罪活动"[1]；最后，在中国的积极推动下，五国领导人最终通过《金砖国家网络安全务实合作路线图》，为未来一段时间内金砖国家网络安全合作发展起到了顶层设计作用。

2020年，受新冠疫情影响，"云外交时代"对金砖国家网络安全合作提出了更高要求。这一年，金砖国家网络安全工作组所提出的"缔结金砖国家网络安全政府间协议和相关双边协议"被五国领导人采纳，并被最终写入《金砖国家领导人第十二次会晤莫斯科宣言》。[2]

2021年印度在担任金砖国家轮值主席国期间，不仅将打击恐怖主义列为当年度金砖国家合作优先事项，并根据"云外交"基本情况，在金砖国家反恐工作组层面主持打击网络恐怖主义分工作组会议[3]。《金砖国家领导人第十三次会晤新德里宣言》中指出"赞赏今年主席国举办的'网络恐怖主义和反恐调查中数字取证的作用'、'金砖国家数字取证'等研讨会，并期待在这些领域深化合作"[4]。

2022年中国再度接棒金砖国家轮值主席国，进一步对网络安全合作框架进行补充和完善，《金砖国家领导人第十四次会晤北京宣言》明确提出"支持联合国在推动关于信息通信技术安全的建设性对话中发挥领导作用，包括在2021—2025年联合国开放式工作组框架下就信息通信技术的安全和使用开展的讨论，并在此领域制定全球性法律框架"[5]，强调"建立金砖国家关于确保信息通信技术使用安全的合作法律框架的重要性"，认为应"通过落实《金砖国家网络安全务实合作路线图》以及网络安全工作组工作，继续推进金砖国家务实合作"。[6]显然，未来金砖国家网络安全合作仍会朝着加强机制化建设、建立五国网络安全合作体系以及助力全球网络安全治理的大方向发展。

---

1 《金砖国家领导人厦门宣言》，载《人民日报》，2017年9月5日，第3版。

2 "XII BRICS Summit Moscow Declaration", BRICS Information Centre, 2020-11-17, http://www.brics.utoronto.ca/docs/201117-moscow-declaration.html.

3 《外交部涉外安全事务司司长白天出席金砖国家反恐工作组第六次会议》，2021年7月30日，https://www.fmprc.gov.cn/web/gjhdq_676201/gjhdqzz_681964/jzgj_682158/xgxw_682164/202107/t20210730_9183947.shtml。

4 "XIII BRICS Summit: New Delhi Declaration", BRICS Information Centre, 2021-09-09, http://www.brics.utoronto.ca/docs/210909-New-Delhi-Declaration.html.

5 《金砖国家领导人第十四次会晤北京宣言》，载《人民日报》，2022年6月24日，第2版。

6 同上。

三、金砖国家网络安全合作的效度

随着金砖国家合作的不断深化，金砖国家进一步加强对非传统安全议题的关注。2015年，联合国提出具有跨时代意义的可持续发展目标，金砖国家围绕其17个子议题对合作重心进行了一定的调整。具体表现在金砖国家积极落实关于工业、创新和基础设施的第9项可持续发展目标相关要求，在开展网络安全合作方面更加积极主动，并开始尝试在金砖五国范围内提出具体合作计划，利用现有合作机制或建立新的合作机制来落实上述计划。

此外，金砖国家网络安全合作逐步拓展。如在反恐议题上，金砖国家围绕恐怖组织活动资金来源、恐怖主义扩散问题提出了打击恐怖融资和网络恐怖主义两项具体目标。成员国通过加强网络、海关、金融等部门的密切配合，加大对广义网络犯罪问题的关注和打击力度。

2022年6月，习近平主席在金砖国家领导人第十四次会晤上强调"谁能把握大数据、人工智能等新经济发展机遇，谁就把准了时代脉搏"[1]。中国积极推动加快金砖国家新工业革命伙伴关系厦门创新基地建设，举办工业互联网与数字制造发展论坛、可持续发展大数据论坛，达成数字经济伙伴关系框架，发布制造业数字化转型合作倡议，建立技术转移中心网络、航天合作机制，为五国加强产业政策对接开辟了新航路。[2]与此同时，在"金砖+"对话层面，18个与会对话伙伴国还在加强数字能力建设、消除数字鸿沟、促进数字时代互联互通等议题上达成共识。中国还承诺在未来将通过举办第四届联合国世界数据论坛、全球发展倡议数字合作论坛、2022全球数字经济大会等方式助力数字化时代的网络安全。[3]

作为一项新的研究议程，金砖国家网络安全合作在近些年取得了显著成绩，特别是在数字经济创新发展和促进网络安全等方面提出了诸多独特的"金砖方案"。但在实际开展过程中，金砖国家网络安全合作仍存在一定的改善空间，如加强不同议题间的互动、扩大金砖国家成员的范围等。

1　习近平：《构建高质量伙伴关系　开启金砖合作新征程——在金砖国家领导人第十四次会晤上的讲话》，载《人民日报》，2022年6月24日，第2版。

2　同上。

3　《全球发展高层对话会主席声明》，载《人民日报》，2022年6月25日，第6版。

四、金砖国家网络安全合作的发展未来

未来，建议金砖国家可从以下三个方面入手完善网络安全合作。

第一，尝试整合现有合作机制。建议金砖国家探索建立联合会议制度，定期召集不同工作组负责人就跨领域网络安全合作展开及时沟通协调，提高机制效率。

第二，积极开拓网络安全合作新领域，以安全促发展。网络安全合作应超越传统政治安全层面，切实为可持续发展保驾护航。未来，金砖国家应在《金砖国家经济伙伴战略2025》、金砖国家新工业革命伙伴关系（PartNIR）、"创新金砖"网络（iBRICS）等框架下推动行业现代化和转型、促进包容性经济增长、促进决策过程和刺激国民经济、实现联合国可持续发展目标[1]的同时，推进金砖国家网络安全合作。

第三，主动引领全球网络安全合作进程。当前全球治理存在较为严重的治理赤字问题，甚至一些学者将其形容为"国际失序"[2]。在世界百年变局与世纪疫情叠加交织的历史重大转折关头，金砖国家作为新兴市场国家和发展中国家参与全球治理主要途径和机制，应积极承担国际责任，在联合国框架下努力开展各项包容性合作，在努力寻求合作伙伴的同时，尝试构建全新的、更加符合广大发展中国家切身利益的全球网络秩序。

五、结语

2022年金砖国家合作再度迎来"中国年"，并以"构建高质量伙伴关系，

1 "Strategy for BRICS Economic Partnership 2025", BRICS Information Centre, http://www.brics.utoronto.ca/docs/2020-strategy.html#digital.

2 代表性文献参见Paul T. V., "Globalization, deglobalization and reglobalization: adapting liberal international order", *International Affairs*, Vol.97, No.5, 2021, pp.1599–1620；阿隆·麦基尔：《浅谈国际失序概念》，宋阳旨编译，载《当代世界与社会主义》，2022年第1期，第160—168页；Butler Sean, "Gemeinschaft as the Lynchpin of Multilateralism: World Order and the Challenge of Multipolarity", *Irish Studies in International Affairs*, Vol.29, 2018, pp.17–34；Mehdi Syed Sikander, "Toward a new world order and ideas of mass destruction", *Peace & Change*, Vol.47, No.1, 2022, pp.40–56；任剑涛：《国家的怨恨性崛起与全球失序》，载《四川大学学报（哲学社会科学版）》，2022年第1期，第23—38页；Li Xing, "The Need for a New International Order and a New Security Architecture", Schiller institute, https://schillerinstitutet.se/professor-li-xing-the-need-for-a-new-international-order-and-a-new-security-architecture/。

共创全球发展新时代"为主题,旗帜鲜明地把解决发展问题摆到金砖合作的中心位置。[1]时任国务委员兼外交部部长王毅在谈及金砖"中国年"十大亮点时将"发掘创新发展的金砖潜力"以及"把握数字经济发展的时代机遇"列为重要合作亮点,并明确应建立"金砖国家技术转移中心网络",举办"可持续发展大数据论坛",达成"金砖国家数字经济伙伴关系框架",发出"金砖制造业数字化转型合作倡议",助力五国经济转型升级和高质量的跨越式发展。[2]在这一过程中,网络安全合作理应被更加重视且同其他领域合作实现横向融合发展。所以,我们有理由期待,金砖国家网络安全合作将进一步助推金砖国家合作在第二个"金色十年"继续"星光璀璨"!

---

1 《外交部副部长马朝旭就中国担任今年金砖国家主席国接受媒体采访》,2022年1月21日,https://www.mfa.gov.cn/web/gjhdq_676201/gjhdqzz_681964/jzgj_682158/xgxw_682164/202201/t20220121_10631579.shtml。

2 《王毅谈金砖"中国年"十大亮点》,2022年6月25日,https://www.mfa.gov.cn/web/wjbz_673089/xghd_673097/202206/t20220625_10709994.shtml。

第四章

治理共同参与

新兴科技发展中的人工智能治理

薛 澜[*]

摘 要：当前，如何把握科技创新对经济社会产生的各种影响，促进科技向善，是国际社会亟须共同思考的问题。人工智能治理是新兴技术治理领域面临的具有代表性的重大挑战。"敏捷治理"可成为人工智能治理的有效模式，其核心是把传统的治理流程和范式改变成为适应技术高速发展的敏捷灵活的模式。未来，人工智能全球治理需要通过建立多边协同共治的机制，把伦理准则、行业规则、技术标准和治理技术等纳入统一的治理框架中，建立以共识为基础的治理格局。

关键词：人工智能；新兴技术治理；敏捷治理；全球共识

习近平总书记在浦东开发开放30周年庆祝大会上的讲话中指出，"科学技术从来没有像今天这样深刻影响着国家前途命运，从来没有像今天这样深刻影响着人民幸福安康。我国经济社会发展比过去任何时候都更加需要科学技术解决方案，更加需要增强创新这个第一动力"。

当前，科学技术创新在经济社会发展中发挥着越来越关键的作用。如何把握科技创新对经济社会产生的各种影响，把人文和伦理的思考带到科技发展与治理的过程中，降低各种潜在的风险，促进科技向善，就变得比以往任何时候都更加重要。

---

* 薛澜系清华大学公共管理学院教授、苏世民书院院长。

一、现代科技创新的发展趋势及潜在影响

现代科技创新有很多非常重要的前沿发展方向，人工智能便是其中最具典型的技术之一。2017年，AlphaGo战胜职业围棋选手柯洁，此后人工智能发展愈加迅速。2020年，AlphaFold解决了国际生物学界预测蛋白质折叠的问题，让很多科学家叹为观止。近年来，人工智能的应用领域有进一步拓展的发展趋势，包括智能机器人对于新冠病毒的诊断等方面。人工智能的广泛应用不仅仅是效率的提高，甚至有可能意味着科研范式和业态的重塑。例如，在十维参数空间的研究实验方案设计中，人工智能的应用可以帮助科学家从上亿个候选实验方案中选择出几百个，大大节约了人力物力成本，提升了科研效率。

在生命科学领域中，人类对生命的认识经历了从解读、修饰到创造的过程，从世纪之交破译人类基因密码之后，生命科学的发展日新月异。例如，原来是异养的大肠杆菌，现在可以改造成自养型生物；再如，人类历史上首个单条染色体酵母成功实现人工合成。以及最近中科院天津工业生物技术研究所成功实现的人工合成淀粉，这一颠覆性成果有可能会带来人类的"食物革命"。此外，还有很多技术创新改变了传统的规模饲养、屠宰流通、物流消费等肉类生产过程，比如直接在实验室培养纤维来生产人造肉，并且已有各式创新产品上市销售。此外，很多交叉领域的科学技术也取得了快速发展，如生命科学与计算机技术交叉产生的脑机结合。埃隆·马斯克创办的公司实现了猴子用"意念控制"光标打游戏；美国食品药品监督管理局（FDA）于2019年发布了脑机接口设备指南，并于2020年8月批准了脑机接口产品的临床研究性器械豁免申请。

诚然，科技创新的发展与应用对人类生活各方面的影响是巨大的，但同时也会带来风险与挑战。例如，人工智能在人脸识别方面给我们带来很多便利的同时，也面临数据滥用或泄露的风险与隐患。从更加长远的角度考虑，人们也担心这些应用长期下来是否会给人类社会带来积累性的风险。在就业领域，2020年世界经济论坛的一份报告提到，近年来新兴科技创造的就业机会落后于其消除的就业机会，也就是说，科技的发展会导致失业问题。此外，还存在某些技术的滥用可能会深刻改变我们人类自身，如基因编辑技术的应用便是如此，需要保持高度关注。

二、新兴技术治理的生成逻辑

面对新兴技术可能带来的巨大收益和潜在风险，我们必须在发展新兴技术的同时，高度关注其治理问题。新兴技术治理背后有其生成逻辑和治理实践。回顾历史，不管是现代科技还是传统科技，背后都有治理体系形成的过程。我们可以把这个过程分成四个阶段。第一，核心驱动阶段。所有的新兴技术在初期都有知识的重大进步或技术上的关键创新，以推动新产品的产生，从而形成核心驱动。第二，市场变革阶段。新技术的应用必须与市场应用不断交流互动，并拓展新的应用场景和新的需求，最终形成技术的应用领域和范式。第三，认知适配阶段。这是一个技术的社会认知过程。社会如何认识新兴技术？这个技术对社会是友好的还是会带来风险？我们需要服从这个技术还是让技术服从人类？这些问题是在技术的社会认知过程中必须回答的，也是在技术发展尤其在应用过程中所需要的认知适配过程。曾经有一些新兴技术在发展中的社会认知方面产生了问题，最终导致技术的应用失败。第四，治理范式形成阶段。在社会认知构建的过程中，不同的治理模式也在逐渐形成，包括治理主体、路径选择、工具应用等。

那么，为什么以前在中国没有明显感到这个治理体系形成的过程？在前几次的工业革命中，核心的技术产生、应用过程、社会认知等都主要是在其他发达国家首先发生的，中国只是在较为后期的阶段才成为技术的应用者，享受成熟的技术并借鉴采纳相关的治理模式。但是，身处正在发生的第四次工业革命中，中国通过努力已经赶上了创新的头班车，成为越来越多新兴技术的开发者和领先的应用者，因此，也将逐步面临社会认知和治理范式方面的挑战。

三、以人工智能为例的新兴技术治理

人工智能的治理是新兴技术治理领域面临的具有代表性的重大挑战。其中首要回答的问题是：如何能够让我们的治理模式适应人工智能技术的高速发展？笔者认为，最近提出的"敏捷治理"比较适合人工智能技术的治理模式。所谓敏捷治理，其核心是创新治理模式，把传统的治理流程和范式改变成为适应技术高速发展的敏捷灵活的模式。

在敏捷治理的基本框架中，第一个方面要识别治理对象。对人工智能而言，治理对象就是数据的问题、算法的问题、算力的问题、平台企业的问题。数据层面的挑战在于如何进行高质量的数据集建设，以及如何让公共数据集更大程度地开放，此外数据自主可控和宏观安全也要高度关注。算法的问题是如何提高稳定性、安全性、可解释性和公平性。算力层面的挑战包括如何推动核心硬件的持续性创新，寻求多边合作共赢，避免出现技术垄断等问题，同时需要突破技术创新范式，探索未来的新兴技术。平台企业的治理也需要突破传统反垄断的概念，根据平台企业所在行业的特点分析其行为及市场效果。第二个方面是治理理念，也就是在效率、公平、安全、自由等基本价值目标上做出选择或排序。敏捷治理框架的第三个方面是参与的主体，包括政府、企业、公众，还有很多的社会组织等。第四个方面是治理工具，包括法律法规、行业标准、技术手段、社会共识等。

框架明确之后，我们就可以推动敏捷治理的运行机制，研究在新技术带动下的新经济特征，跟踪市场的发展，加强监管与市场的沟通，根据不同情况和风险场景提出更加具体的准则，并更加具体灵活地运用多元工具改善治理。

在具体实践过程中，治理的价值观念非常关键。例如，中国始终坚持以确保人工智能的安全和平等为底线，在此基础上鼓励创新，进而利用人工智能赋能经济社会发展，推动可持续发展目标的实现。同时，我们要及时识别人工智能带来的风险，在适当的时候予以规制，使得创新驱动和敏捷治理"两个轮子"并驾齐驱。

基于敏捷治理的模式，治理主体（如政府）要积极参与到和治理对象（如企业）的协同互动过程中。与传统治理过程中政府与企业的关系不同，在新兴技术的发展过程中，企业和政府都面临不完全信息，应该坐到一起进行有效的对话，让政府更好地了解技术发展的过程和走向，同时也让企业了解政府和公众对潜在风险有何顾虑，从而找到更好的治理方式来弥合双方的认知鸿沟。此外，治理工具要做到灵活运用、刚柔并济。从宏观层面要制定原则性的法律法规，如我国最近出台的个人信息保护法。中观层面要有行为准则等来规范企业行为。国家新一代人工智能治理专家委员会于2019年出台的人工智能治理准则就属于这一类。微观层面也需要有相应的技术标准和监管技术。这些工具的综合运用，为新兴技术更好地发展、更健康地应用提供了治理方面的保障。目前，中国的人工智能治理在宏观、中观层面已经做了不少工作，从理念层面逐渐进入到实践层面，既要鼓励企业的创新发展，也要提供有效的治理框架和落地的标准及监管技术。

四、建立以共识为基础的人工智能全球治理

在国际层面，人工智能技术的发展受到各国的高度关注。经合组织（OECD）人工智能政策观察站的数据显示，经合组织国家共出台了236项（截至2021年）与人工智能相关的国家战略、国家计划等政策举措。与此同时，人工智能技术应用带来的各种挑战也引起国际社会各方面的关注。全球很多国家都采取措施构建人工智能治理的框架，包括出台各种人工智能治理原则或伦理指南。例如，德国一家非营利组织统计数据库显示，在过去五年中，全球范围内有160多个人工智能伦理原则或指南相继出台。从内容上看，这些伦理原则或指南差别并不显著，因此，非常有可能在这些原则或指南的基础上，通过协商形成基本的全球共识。

中国始终坚持多边主义，坚持科技向善，强调求同存异，争取各国文明之间的最大公约数，积极参与联合国和其他人工智能治理的多边机制。在中国的积极参与下，二十国集团于2019年通过《G20人工智能原则》，该原则提倡需要以人为中心和以负责任的态度开发人工智能。2021年11月25日，联合国教科文组织在法国巴黎发布《人工智能伦理问题建议书》，提出发展和应用人工智能首先要体现出四大价值，即尊重、保护、提升人权及人类尊严，促进环境与生态系统的发展，保证多样性和包容性，构建和平、公正与相互依存的人类社会。

展望人工智能全球治理的未来前景，特别需要通过建立多边协同共治的机制，把伦理准则、行业规则、技术标准和治理技术等纳入统一的治理框架中，从而促进在各国基本共识基础上形成包容但有区别的人工智能国际治理格局。具体而言，包括三个层面。首先是形成基本的治理价值共识。目前各国的治理准则虽然表述各有不同，但核心较为相似，即涵盖包容、共享、审慎、负

责等基本价值原则。其次是促进治理主体分工协作，发挥治理主体各自优势，形成治理合力。具体来看，政府要担负其赋权和监管职责，技术提供方需要进行赋能，从而形成迭代优化。同时，技术研究者和使用者也要促进更多的合作交流，社会要提供及时有效的监督。最后是治理体系和能力的迭代优化。人工智能发展的特点之一表现为技术进步的速度超过治理体系和治理能力更新的速度，迫使治理体系和治理能力不断创新，其中包括更好地发挥技术手段，如联邦学习、隐私计算、区块链等相关的监管性技术在治理过程中的作用。

网络空间中国家管辖权的冲突与协调

周学峰[*]

摘　要：国家管辖权是一国行使主权的象征。领土管辖是国家管辖权的基础，然而，在网络空间中并不存在物理世界中的国家边界。当前许多国家在网络空间中扩张自己的管辖权，从而可能引发管辖权冲突。对此，各国应从网络空间命运共同体的理念出发，在彼此承认对方网络主权、关照对方国家核心利益的前提下进行相关谈判，通过双边或多边条约建立管辖权冲突协调与国际合作机制。

关键词：网络空间；国家管辖权；网络空间命运共同体

一、网络空间中的国家管辖权

国家管辖权是一国行使主权的象征，包括立法管辖权、行政管辖权和司法管辖权。从适用范围来看，国家管辖权可分为属地管辖权、属人管辖权和普遍管辖权。国家是网络空间中的重要主体，理应彰显自己的主权，行使国家管辖权。一国在网络空间中行使主权，并不意味着对全球整个网络空间主张管辖权，而主要是对位于该国境内的网络设施、人、数据、行为等行使管辖权，以及在必要的合理范围内主张域外管辖权，这在网络空间的物理、逻辑、应用和社会层面均有所体现[1]。基于网络空间的国家管辖权，国家可以自行制定和执

---

[*]　周学峰系北京航空航天大学法学院副院长、教授。

[1]　周学峰：《管辖权视角下国家主权在网络空间的体现》，载《中国信息安全》，2021年第11期。

行与网络设施、数据和行为相关的法律法规，对相关纠纷行使司法管辖权。建立在国家主权基础之上的管辖权并不是绝对的，要受到国际法限制。国际法规定国家采取各种形式的管辖权可允许的限度，而国内法则规定国家在事实上行使管辖权的范围和方式。[1]

二、网络空间中国家管辖权的冲突

领土管辖是国家管辖权的基础，然而，在网络空间中并不存在物理世界中的国家边界。许多国家在立法和司法层面都试图扩张本国在网络空间中的管辖权，对特定事项主张域外管辖，如此可能产生管辖权冲突，举例如下：

在个人数据保护制度方面，2018年开始实施的欧盟《通用数据保护条例》（GDPR）第三条规定：在欧盟境内设立实体的数据控制者或处理者，无论其是否在欧盟境内处理个人数据，都受该条例管辖；对于在欧盟境外设立的实体，如果其向欧盟境内的数据主体提供了商品或服务，无论是否有偿，只要其进行个人数据处理，或对欧盟境内的数据主体进行监控，都应适用该条例，即欧盟及其成员国有权对该实体进行监管。2021年颁布的《中华人民共和国个人信息保护法》第三条也规定：在中华人民共和国境外处理中华人民共和国境内自然人个人信息的活动，如果其以向境内自然人提供产品或者服务为目的，或分析、评估境内自然人的行为的，适用该法。由此，同一家企业的数据处理活动，有可能同时受到中国和欧盟的法律管辖。

在网络信息内容制度方面，一国法院可以依法要求网络服务提供者删除具有违法性质、侵害他人权益的信息，而关于司法管辖的效力范围则未有定论。欧盟的司法机构——欧盟法院在2019年9月至10月前后发布了两份存在显著差异的判决。在一起关于谷歌"被遗忘权"的判决意见中，欧盟法院称，搜索服务提供者不必删除全球各个搜索版本中特定的搜索结果，只需在为欧盟成员国提供的搜索服务版本中履行删除特定搜索结果的义务，但应采取必要的技术措

1　奥本海著，詹宁斯、瓦茨修订：《奥本海国际法》（第一卷第一分册），王铁崖等译，中国大百科全书出版社，1995年，第328页。

施确保欧盟成员国居民不会通过搜索引擎搜索到特定的网络链接。[1]然而，欧洲法院随后在一起关于脸书的判决中宣称，欧盟成员国法院可以命令提供信息存储服务的网络服务提供者在"世界"（worldwide）范围内删除或屏蔽违法信息，这使欧盟成员国法院的判决具有了域外效力。[2]但判决执行面临困难，原因是被欧盟成员国司法机关认定违法的网络信息，在其他国家和地区未必违法。强制网络服务提供者在全世界范围内执行欧盟成员国法院的判决意见，也有可能与其他国家的相关法律不兼容。

在数据跨境取证方面，美国国会在"微软公司诉美国"案发生后通过了《云法案》（CLOUD Act），赋予美国司法机构强制要求网络服务提供者直接向其提供存储在美国境外的电子数据，而不经所在国当局同意的权力，此举可能与数据存储地国家的法律和司法管辖权相冲突。

三、探索解决网络空间国家管辖权冲突的中国方案

在全球网络空间一体化的背景下，如何界定一个国家在网络空间中的国家管辖权边界，如何处理各国行使管辖权所带来的冲突，是当代国际社会迫切需要解决的问题，在当前缺乏相关国际规则指引的情况下，秉持网络空间命运共同体的理念具有重要意义。

网络空间命运共同体是中国在网络空间国际交流与合作领域倡导的重要理念。从国家主权的角度来看，网络空间命运共同体理念具有双重含义：首先，坚持尊重网络主权原则，是构建网络空间命运共同体的前提和基础；其次，倡导与实践网络主权，要在国家主权基础上构建公正合理的网络空间秩序。命运共同体，意味着在共同体中各成员休戚与共、利益攸关，一方的行为会影响到其余方的利益。因此，各方都应当遵循共同的规则，约束自己的行为，维护共同体秩序。唯有如此，每一方的利益才能得到保障。德国哲学家康德早在18世纪就曾提出构建由民族国家组成联合体的设想，并强调该联合体是建立在法律

1　Google LLC v. Commission nationale de l'informatique et des libertés (Case C-507/17).

2　Glawischnig-Piesczek v. Facebook Ireland Limited (Case C-18/18).

的基础之上，只有这样才能保证各国之间和平相处，否则，各国所获得的财产和利益都将是暂时的。[1]

因此，解决各国在网络空间中国家管辖权冲突的问题，须建立相应的国际法规则。由于在主权国家之上并没有全球中央立法机构或执行机构，世界各国只能从网络空间命运共同体的理念出发，在彼此承认对方网络主权的前提下进行相关谈判，通过双边或多边条约的方式明确各自在网络空间中行使国家管辖权的边界，以及发生管辖权冲突时的协调机制与国际合作机制。

事实上，主权国家之间的管辖权冲突问题并不只存在于网络空间。经过多年的发展，国际社会已经在传统领域形成多项关于解决管辖权冲突、法律冲突和开展司法协助的国际公约。在网络空间领域，各国也可以参照传统的国际司法合作机制并结合互联网与电子数据的特殊性，就构建适用网络空间特点的国际合作机制展开谈判。

在解决管辖权冲突和开展网络空间国际合作时，对各国主权的尊重，对各国政府维护本国国家安全和公民基本权利及利益关切的承认是重要的前提条件。如果各国核心利益得不到维护，则难以开展国际合作。例如，在数据跨境取证方面，美国《云法案》仅规定美国司法机构可以强制要求网络服务提供者提供存储在美国境外的电子数据，但是，对于那些没有与美国签订双边协定的国家的司法机构而言，是否可以强制网络服务提供者提供存储在美国的电子数据，该法案并没有给出明确的答案。事实上，许多国家本土互联网产业较为落后，严重依赖外国大型互联网企业，特别是美国互联网头部企业，为其提供网络搜索、网络社交等服务。当这些国家的法院出于司法需要，要求大型跨国互联网企业提供相关电子证据时，企业往往会以相关电子数据存储在美国、有可能违反美国法律为由而拒绝提供。于是，有些国家，如印度、巴西等，试图通过立法强制要求网络服务提供者将与本国公民相关的数据存储在本国境内，以解决跨境取证困难的问题。[2]另外，大规模的数据跨境传输存在国家安全风险隐患，在缺乏有效机制来保障国家安全的情况下，一些国家会对数据跨境传输

1　康德：《法的形而上学原理——权利的科学》，沈叔平译，商务印书馆，1997年，第187—189页。

2　Andrew Keane Woods, "Litigating Data Sovereignty", *The Yale Law Journal*, Vol.128, No.2, 2018, p.328.

进行限制。因此，解决国际数据跨境传输障碍和境外取证问题，必须对各主权国家关切的国家安全问题予以回应，才有可能达成国际条约。

长期以来，《中华人民共和国网络安全法》《中华人民共和国电子商务法》等均将法律的适用范围严格限定在中华人民共和国境内的网络活动。但是，我们也应看到，许多电子商务活动都是跨境贸易，许多针对中国公民的电信网络诈骗、针对境内目标的网络攻击和非法信息的制作与提供都是在中国境外实施的。随着越来越多的中国互联网企业"出海"，其面临的跨国数据传输和跨国监管的问题也日益凸显。因此，中国应坚持网络空间命运共同体的理念，通过双边或多边合作机制，积极开展国际司法合作，与世界其他国家一道努力解决网络空间中的管辖冲突与协调问题。

数字治理路径：多维挑战与前景展望

萨布哈西斯·贝拉（Subhasis Bera）

迪尔·拉胡特（Dil Rahut） 姚怡昕[*]

摘 要：治理涵盖社会体系所有交互过程的决策系统，以创建、加强或再创建社会规范和制度。电子政务是指政府利用信息通信技术更有效地向公民和企业提供现有的政务服务。数字治理旨在应用信息通信技术为所有利益相关方有效提供政务功能。然而，各种交互过程和利益相关方的不确定及异质性决定了数字治理的复杂性，并为其带来了诸多挑战。本文分析了数字治理面临的多维挑战，探讨了应对方式及可行的解决方案。

关键词：数字治理；电子政务；网络空间；网络空间全球治理

一、引言

治理涵盖社会体系所有交互过程的决策系统，以创建、加强或再创建社会规范和制度[1]，也可以说，治理是关于规则和行动的构建、延续、规范和问责。

电子政务是指政府利用信息通信技术（ICT）更有效地向公民和企业提供

---

* 萨布哈西斯·贝拉系印度加尔各答国际商业与媒体学院经济学与定量技术系副教授、研究和专业发展
  项目主席；迪尔·拉胡特系亚洲开发银行研究院研究副主席、高级研究员；姚怡昕系亚洲开发银行研
  究院高级研究员。

1 M. Bevir, *Governance: A Very Short Introduction*, Oxford University Press, 2012.

现有的政务服务。[1]然而，由于采用数字技术会改变现有体系的结构和功能，因此数字治理有别于传统电子政务，其包含了新的规范、规则和流程。[2]

数字治理旨在应用信息通信技术为所有利益相关方有效实现政务功能。然而，交互过程和利益相关方的不确定和异质性决定了数字治理的复杂性，并为其带来了诸多挑战。[3]尽管技术解决方案可以有多项选择，但国家的数字化水平决定了方案的选择。选择合适的技术解决方案至关重要。查拉比迪斯（Charalabidis）等学者指出，数字治理的不同方案选择可以使类似问题的解决殊途同归。[4]因此，数字治理可以确保平等性，特别是当公共组织容易受到类似问题影响时，更是如此。

数字治理包括管理数字技术开发和使用的规范、制度及标准。然而，由于各国技术、社会和文化组织管理的多样性[5]，可能导致无法形成统一的战略和政策，难以快速在各自区域内解决现实问题[6]，进而弥合社会经济差距。有研究认为，数字治理可以在这方面提供经济、快速且透明的解决方案。[7]此外，数字治理还具有长期的政治和商业影响。[8]

1　R. W. Caves, *Encyclopedia of the City*, Routledge, 2004; UN E-Government Database, "UN E-Government Development Index(EGDI)", UN E-Government Knowledgebase, 2022.

2　S. Bera, et al., "Digital Pathways to Resilient Communities: Enabling universal internet access and utilising citizen-generated data", Paper rpesented at T20 for the Indonesia Presidency of G20 in 2022.

3　Prakash C. Sukhwal and Atreyi Kankanhalli, "Agent-based Modeling in Digital Governance Research: A Review and Future Research Directions", Yannis Charalabidis, Leif Skiftenes Flak and Gabriela Viale Pereira (eds.), *Scientific Foundations of Digital Governance and Transformation*, 2022, pp.303−331.

4　Yannis Charalabidis, Leif Skiftenes Flak and Gabriela Viale Pereira, *Scientific Foundations of Digital Governance and Transformation: Concepts Approaches and Challenges*, 2022.

5　Detmar Straub, Mark Keil and Walter Brenner, "Testing the technology acceptance model across cultures: A three country study", *Information & Management*, 33 (1), 1997, pp.1−11.

6　Lant Pritchett and Michael Woolcock, "Solutions When the Solution is the Problem: Arraying the Disarray in Development", *World Development*, 32 (2), 2004, pp.191−212.

7　Mikkel Flyverbom, Ronald Deibert and Dirk Matten, "The Governance of Digital Technology, Big Data and Internet: New Roles and Responsibilities for Business", *Business and Society*, 58 (1), 2019, pp.3−19; I. Linkov, B.D Trump, K Poinsatte-Jones and M.V. Florin, "Governance strategies for a sustainable digital World", *Sustainability*, 10 (2), 2018, p.440; L. Welchman, *Managing chaos: Digital governance by design*, Rosenfeld Media, 2015.

8　Daniel F. Randle and Sundar R. Ramanujam, "lobal Digital Governance: Here's What You Need to Know", *Critical Question*, Centre for Strategic & International Studies, 2021, https://www.csis.org/analysis/global-digital-governance-heres-what-you-need-know.

因此，尽管数字世界是全球共同活动的空间，却形成了鸿沟，使一小部分人无法从中获益。所以，实施数字治理需要综合考虑各方面因素。鉴于各利益相关方的复杂性，本文分析了数字治理面对的多维挑战及应对方式，以期找到可行的解决方案。

本研究与以往的文献有两大不同。首先，过往研究侧重于数字治理的具体方面，而本研究分析的则是数字治理的多个维度及其相互关系。其次，针对研究人员提出的因缺乏科学依据而导致数字治理成功率低下的问题，本研究通过分析，从数字世界与现实世界的交互角度提出解决方案。

二、数字治理的发展情况

开始进一步讨论前，有必要先了解数字治理各阶段的发展情况，如图1所示。

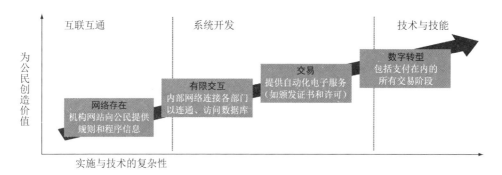

来源：Gartner DataQuest 2000

图1　数字治理的发展

在初期阶段，国家需要发展基础设施，以数字化方式连接所有利益相关方，包括企业实体和公民。第二阶段，则侧重于通过数字渠道加强各部门间的互动，共享数据库。第三阶段，系统开发注重双向通信，以便提供电子服务，如颁发证书和许可。第四阶段则涉及数字物流平台的技术与技能开发，以整合数字世界和现实世界，从而为所有利益相关方提供服务。由此可见，数字治理实施效果因各国实施阶段及数字化水平的差异而有所不同。

三、数字治理面临的挑战

尽管如此，只要利益相关方掌握了关于每个企业实体和公民实时状态的适当知识，数字治理就能提供相关问题的解决方案。然而，政府系统通常不具备所需知识、制度或技能。[1]知识的缺失是因为未来问题存在诸多复杂性、非线性、异质性和不确定性，且对知识的解读也是五花八门。只有所有利益相关方都积极参与发展过程，才有可能积累宝贵的知识。

鉴于上述问题的复杂性，数字治理侧重于响应式治理，而非在表面上寻根究底。[2]也就是说，重点是要管理冲突，而非解决冲突，通过国际政策干预更好地应对冲突，从而降低影响。这种通过数字治理管理冲突的观点越来越受到重视。[3]

值得注意的是，上述解决方案中并没有强调要保持警惕或考虑采取预防措施。[4]然而，人类与当前社会经济、政治和地理环境的相互关联可能会对政府、民间机构、企业实体及公民个人等各利益相关方造成意想不到的后果。拉图尔（Latour）对上述问题进行分析和论述，并建议将其与发展政策相结合。[5]如今，人类与互联网的深度关联意味着需要一种新的治理形式。

（一）数字技术基础设施的基本准备情况

数字治理能否成功，取决于各利益相关方的数字化水平能否实现双向通信。目前，多项研究报告评估了信息和通信技术的成熟度（波图兰研究机构）、信息和通信技术的发展情况（国际电信联盟）以及电子政务等内容（世

---

1 B. Erkut, *From Digital Government to Digital Governance: Are We There Yet? Sustainability*, 2020.

2 D. Chandler, "Digital Governance in the Anthropocene: The Rise of the Correlational Machine", D. Chandler and C. Fuchs (eds.), *Digital Objects, Digital Subjects: Interdisciplinary Perspectives on Capitalism, Labour and Politics in the Age of Big Data*, University of Westminster Press, 2019, pp.23–42.

3 Department for International Development, Foreign and Commonwealth Office and Ministry of Defence, 2011.

4 U. Beck, *Risk Society: Towards a New Modernity*, London, 1992.

5 B. Latour, "Love Your Monsters", *Breakthrough Journal*, 2 (28), 2011, p.8.

界银行），这些都为了解数字治理的基本情况奠定基础。据统计，农村地区仍有大部分人无法上网（主要指"最后一公里"涉及的人口）。虽然有研究认为，经济能力和基础设施是造成这种差距的主要原因，但是政府需要考虑的不仅是收入水平和互联网访问之间的因果关系，因为信息通信技术的提高有助于提升收入水平。再者，由于在人口稀缺地区投资基础设施缺乏可行的商业计划，市场机制的失效使政府不得不采取替代措施，以维持市场竞争的完整。

互联网普及率不足，导致在访问权限、社会经济地位和数字技能方面出现了数字鸿沟。数字技能影响了人们对政府服务的满意度；然而，数字治理的供给侧忽略了参与式设计方法。[1]尽管已经采取了一些措施来弥合这一差距，但这种鸿沟未来可能会继续存在，并需要政府的干预。

为了解数字治理的供给侧情况，我们在谷歌搜索上建立了一种算法，用于统计各国向公民和企业实体提供信息的政府网站数量（详见图2）。图2表明，在许多国家，政府网站寥寥无几。因此，许多国家在数字技术的应用方面仍处于起步阶段，还未准备好通过数字治理转型推动自身发展。

单位：个

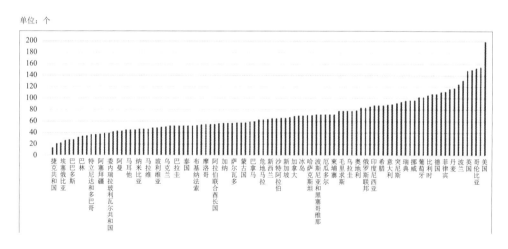

来源：作者统计

图2　2022年各国政府网站数量

1　E.J. Helsper, Van Deursen, "A.J.A.M. Digital Skills in Europe: Research and Policy", K. Andreasson (eds.), *Digital Divides*, CRC Press, 2015, pp.125−146.

希克斯（Heeks）开展的一项调查结果显示，虽然各国的早期应用侧重于建立用于规划和监测的信息管理系统，但其中只有15%的电子政务项目取得成功。[1]

（二）网络空间全球治理的选择

鉴于互联网是由系统、协议、标准、硬件[2]和组织[3]等构成的，所以，我们无法将这个社会技术系统的技术层面从中剥离。因此，在确保普遍接入互联网后，有必要考虑互联网的技术层面问题。此外，在无法重点控制这一技术层面的情况下，数字治理能否成功仍取决于网络空间治理。

数字治理促进技术开放，但很难始终确保公平。互联网的设计结构使得可通过IP地址追踪设备。数据收集产生的收益可维持互联网运转，但同时也存在侵犯隐私的可能。因此，需要在相互信任的基础上，平衡隐私保护与开放的关系。

互联网的规则大多围绕关联度准则以及负责任的、公开透明的标准来制定。为了增强信任因素，政府需要介入互联网发展，通过管理内容和明确不同类型内容的带宽来重新树立互联网上的信任关系。[4]

据统计，只有少数国家拥有处理数据治理的实体。通过IP地址收集的数据需要基础设施来处理；由于通过大数据差别对待两个看似平等的个体会加剧不平等，因此政府必须实施透明的披露和问责制度。[5]披露是指，在向公民收集信息时，需要以正式告知方式通知对其个人信息的收集和使用方法；而问责则是将透明度视作组成要素，同时依赖于公民参与。数字时代，大数据有可能会造成对部分用户的歧视，但不可能通过降低部分用户数据的可用性来减少潜在

---

1 R. Heeks, "Success and Failure Rates of eGovernment in Developing/Transitional Countries: Overview", *eGovernment for development*, 2008.

2 Andrew. Blum, "Tubes: A Journey to the Center of the Internet", *Harper Collins*, 2012.

3 K. O'Hara, W. Hall, "Four Internets: Geopolitics of Digital Governance", *CIGI Paper*, No.206, Canada: Center for International Governance Innovation, 2018.

4 这是为了控制带宽流量，因为视频内容对带宽要求较高，可能会导致其他用户的访问中断。

5 P. Hacker, B. Petkova, "Reining in the Big Promise of Big Data: Transparency, Inequality, and New Regulatory Frontiers", *Northwestern Journal of Technology and Intellectual Property*, 15 (1), 2017, pp.1–45.

歧视。为了消除这种歧视，哈克（Hacker）和佩特科娃（Petkova）提出了四项建议：一是在现金和数据支付之间进行强制性主动选择；二是对隐私告知进行事后评估；三是使数据收集民主化；四是对相关财富或收入予以收费。[1]

（三）所有利益相关方的参与

快速创新和全球化改变了发展动态。人类与互联网的深度关联促进了各利益相关方之间的交流。因此，成功进行数字治理需要进行比简单因果模式更谨慎的测试和实验。实验的成功取决于双向沟通，因此数字治理需要各利益相关方的参与。很多政府已在市政层面实施了数字治理。拉特格（Rutger）对全球市政层面数字治理的研究表明，当前公民的数字治理参与度已有所提高。公民的参与度取决于他们在解决问题时政府给予的激励和快速响应，而政府的响应速度则因当地政府的效率、地理相邻程度、人口规模和待解决问题的性质而有所不同。例如，首尔是实施电子治理的最佳模范城市之一，该城市提供了多种易于使用的工具，提升了公民和社会参与度；从隐私安全方面来看，布拉格在制定全面的隐私保护政策上堪称典范。

（四）增强型知识库

虽然开放和鼓励利益相关方参与有利于收集更多信息，但由于缺乏对情况的了解，响应速度仍不尽如人意。伦德瓦尔（Lundvall）强调，主流经济模型的假设是主体掌握了关于世界的所有信息。[2]信息和知识之间存在基本的区别。[3]知识包括约定俗成的分类。然而，研究人员将资本和技术误会成知识的隐喻，将技术创新错误地等同于知识。[4]由于信息的分散性和主观性，政策研

---

1 P. Hacker, B. Petkova, "Reining in the Big Promise of Big Data: Transparency, Inequality, and New Regulatory Frontiers", *Northwestern Journal of Technology and Intellectual Property*, 15 (1), 2017, pp.1–45.

2 B. A. Lundvall, "From the Economics of Knowledge to the Learning Economy", B. A. Lundvall, *The Learning Economy and the Economics of Hope*, Anthem Press, 2016, pp.133–154.

3 F. A. Hayek, *Individualism & Economic Order*, University of Chicago Press, 1948.

4 J. C. Spender, "Making knowledge the basis of a dynamic theory of the firm", *Strategic Management*, 17, 1996, pp.45–62.

究人员无法收集到所有必要信息，但这又是维持市场秩序的必要决定因素。[1]
因此，通过观察现实世界的一些有限特征来收集信息，并将其误用于政府规
划，将会影响政策的制定。为此，知识在政策制定中的重要性强调了要为经
济建立知识基础。然而，由于知识的复杂性和语境化的极具主观性，使用现
有的知识仍存在问题。[2]知识的这种主观性使得经济主体之间的交互无法预先
确定。[3]由于缺乏知识，问题变得十分复杂。经济现象复杂性导致的"认知不
透明"[4]仍是实现涵盖民主、商业和政府结构的多层次数字治理所面临的主要
障碍。

有研究人员[5]认为，数字治理领域缺乏科学基础，这似乎妨碍了研究人员、
互联网行业、中小企业等所有利益相关方释放真正的变革价值、充分发挥潜
力。数字治理高度依赖科学学科，并广泛涵盖管理学、社会学、人文学、政
治学、经济学、法学和计算机学等相关领域，因此邀请这些领域的专家参与其
中，对于顺利开展数字治理至关重要。此外，为了解决多维层面的问题，必须
在自然和社会融合的基础上，汇集不同的治理专家意见。[6]这需要投资和时间。
然而，如果数字治理因缺乏资金而阻碍了真正的变革价值释放，那也将使各利
益相关方无法充分受益。

（五）数字世界与现实世界的联系

阿甘本（Agamben）强调了治理的概念性讨论与知识的认知性问题之间的

1　F. A. Hayek, "The Pretence of Knowledge", *American Economic Review*, 79, 1989, pp.3–7.

2　E. Thomsen, *Prices and Knowledge: A Market-Process Perspective*, Routledge, 1992.

3　L. Kiesling, "The Knowledge Problem", P. Boettke, & C. J. (eds.), *The Oxford Handbook of Austrian Economics*, Oxford University Press, 2015, pp.45–64.

4　这是指如果认知主体X在t时间不清楚该过程中所有与认知相关的元素（Humphreys 2019），那么相对而言，X在t时间的认知就不透明。

5　Y. Charalabidis, L. C. Flak, and G. V. Pereira, *Scientific Foundations of Digital Governance and Transformation: Concepts Approaches and Challenges*, 2022.

6　D. Chandler, "Digital Governance in the Anthropocene: The Rise of the Correlational Machine", D. Chandler and C. Fuchs (eds.), *Digital Objects, Digital Subjects: Interdisciplinary Perspectives on Capitalism, Labour and Politics in the Age of Big Data*, University of Westminster Press, 2019, pp.23–42.

联系，并认为这是一种去政治化的举措。[1]数字治理是应对复杂且相互依存的世界固有的风险和不确定性的一大趋势，且这一趋势旨在应对意想不到的冲击和看不见的威胁。数字治理实现了普遍使用新传感技术的新型高科技组合，即通常所说的"物联网"，由连接到互联网的传感器提供对变化的实时检测。这项技术有助于搭建数字物流平台，将数字世界与现实世界连接起来。约翰逊（Johnson）在一项实验研究中发现，数字治理能够感知无法察觉的危害，并发出警报。[2]在这种治理模式下，历史上取决于因果关系的有机概念，即科学学科与个人实体之间的区别，就会难以分辨。

四、数字治理的前景与展望

数字治理的利益相关方需要了解参与的重要性。然而，数字治理的参与度取决于互联网接入设施和负担能力。政府、民间机构和公民个人的响应仍是数字治理取得成功的关键要素。但许多利益相关方仍不愿为社区发展提供反馈，这与他们获得的激励有关。因此，政府必须解决利益相关方所关心的问题，并对他们的参与给予奖励。此外，还需要解决未来的风险和不确定性，从而实现可持续发展。

各国首先需要制订国家电子治理计划，实现互联互通，加强与公民等所有利益相关方的交互，最终实现数字化转型，使数字物流平台顺畅地连接数字世界和现实世界，从而释放数字治理的潜力。

---

1 G. Agamben, "What is a Destituent Power?", *Environment and Planning. D, Society and Space*, 32 (1), 2014, pp.65–74.

2 E. R. Johnson, "At the Limits of Species Being: Sensing the Anthropocene", *South Atlantic Quarterly*, 116 (2), 2017, pp.275–292.

"信息虫洞"中的普遍僵局

安德烈·比斯特里斯基（Andrey Bystritskiy）*

摘　要：我们正面临这个时代的巨大挑战——虚假信息充斥造成信息混乱和认知失调，而这只是冰山一角，虚拟世界与真实物理世界之间的联系与冲突带来众多问题。为应对挑战，我们需要携手共建一个新的、中立的数字世界，实现全球开放、公平的数字监管。这不仅需要发挥联合国的积极作用，更需要依靠"一带一路"倡议这样涵盖广泛、迸发活力的区域性项目，为数字合作创造良好条件。

关键词：虚假信息；数字世界；"一带一路"倡议；数字合作

一、信息传播与全球威胁

当前，人类需要在国际层面共同监管信息传播，否则其带来的风险和威胁或将对人类文明产生消极影响。

如今，媒体的影响力达到前所未有的高度。世界似乎已经变得真假难辨，加上现代军事和其他高新技术带来的威胁，当前的信息混乱可能会发酵成一场全球危机，让我们的生存岌岌可危。

新冠疫情让人更能感受到信息传播的影响。面对病毒阴霾，不管是平民百姓还是国际精英，都难以辨别信息真伪，也难以理解医生、政治家、公职人员

---

* 安德烈·比斯特里斯基系瓦尔代国际辩论俱乐部发展与支持基金会董事会主席。

和流行病学家口中的说法与解释。比如戴口罩或者手套的实际预防效果，各种治疗指南如同《一千零一夜》（阿拉伯民间故事集），每翻开一页都有一个山鲁佐德（《一千零一夜》中的角色，通过每夜说一个故事取悦苏丹从而挽救了自己的性命）的全新故事。英国杂志《旁观者》（*The Spectator*）指出，虽然有关新冠疫情的文章数量增加了60倍，但只有少数是在讨论口罩的效果，且未能给出明确答案。疫苗的情况更是令人震惊，一些主流媒体和新闻博主，与其说是在试图帮助我们找到问题的关键，做出正确的决定，倒不如说是在混淆视听。一旦出现令人希冀的消息，我们就会听到从四面八方传来的恼怒嘶喊，警告我们要小心：这一切都是骗局，没有人可以相信，四周也充满了危险。媒体进行的批判性报道只是揭示世界真相的工具，是一种手段，而非最终目的。

二、虚拟世界与治理挑战

新冠疫情告诉我们，世界正向两个方向延伸。人类已进入一个全新的世界，我们将同时生活在两个世界中：一个是真实物理世界，另一个是虚拟世界。真实物理世界需要我们身体力行，而在虚拟世界中，人类的物理存在作用不断下降，只需要简单移动手指或提供语音指令即可让电子设备工作。当然，将计算机直接连接到人脑仍属于技术上的自娱自乐，虽然理论上可实现，但其可行性仍有待验证。

新冠疫情加速了虚拟世界的到来，两个世界的界限变得更加模糊。虚拟世界显然已经从信息传播的附属物变成了可媲美真实世界的产物。未来，虚拟世界将继续存在。我们必须在虚拟世界中再现人类的一切交流机制，那里应有尽有——如商店、电影院、工厂等。站在这个新的双重现实或全球化世界面前，冷眼旁观毫无意义。

在全新的虚拟世界，我们将面临许多问题。比如，应如何规范虚拟世界？如何将真实物理世界与虚拟世界的监管联系起来？真实物理世界没有匿名对象，难以出现恶语相向，而虚拟世界普遍匿名。真实物理世界有国家立法、司法和行政机关等，而虚拟世界则一片空白。尽管理论上可以通过现实世界的机构覆盖虚拟世界的实体（人或机构），但实施起来面临各种错综复杂的障碍，而且真实物理世界的机构难以应对虚拟空间的挑战，例如网络版权或网络诽谤。面对此种情况，我们需要建立全新的制度，且必须与真实空间中的制度紧密结合。

如果我们采用真实物理世界和虚拟世界平行或共轭的模型，就必须在虚拟世界中复制互联网公民或互联网税收等概念，例如筹建图书馆或文教网站等公共资产。我们也可以创建预警系统，或者在虚拟世界中建立行使司法权和行政权等的机构。另外，面对信息传播，我们还需要在虚拟世界中构建信息的层次结构。面对虚假新闻充斥、真实信息匮乏的挑战，需要可靠的主体为全社会提供最准确的信息，即创建一个由社会控制、独立于广告和其他私人利益的信息来源。显然，在虚拟世界中直接创建真实信息媒体难于登天，但我们可以考虑创建类似的产物，例如创建一个由社会控制、互联网用户税收支持的新闻聚合器。

信息的真实性尤为重要。在虚拟现实和新竞争的冲击下，我们已经分不清媒体、社区和企业的区别。面对普遍的媒体化现象，超市也沦为了媒体，生产诸如关于"香肠"和"奶酪"的新闻，导致本应提供准确信息的媒体被只顾营销观点和商品的媒体所支配。此外，参与内容创作和传播的人正形成独立的社会群体，通过媒体化逐步增加自身的社会影响力。

三、虚拟世界对真实物理世界的重构

虚拟与真实的关联问题不容小觑，两者的冲突已有目共睹，涉及国界和主权的问题正在不断涌现。随着卫星互联网全球的推广以及人工智能和物联网的兴起，人类、社会和国家组成系统中的权力排序将发生根本性变化，并影响生活中的方方面面以及全球经济。此外，现实世界与虚拟世界难以分离，虚拟世界的实体正试图改变真实物理世界，并不断借机诱使甚至操纵人类按照其认为合适的方式，调整阶层结构。

社交媒体也在重构真实物理世界，例如脸书和推特。美国大选中充斥媒体操纵的影子，上至美国总统，下到普通民众都成为西方社交媒体信息操纵的对象。为了自由交流而创建的虚拟空间突然变成了信息的"贫民窟"。针对上述

挑战，社交媒体、设备制造商等都必须受到法律监管。社会和个人有权创建任何虚拟社区，也有权访问任何网络虚拟社区。但今天的社交媒体巨头已经成为让少数人凌驾于多数人之上的危险工具，强加新的等级划分，甚至盲目粗暴地操纵用户。这表明，互联网领域需要建立反垄断法。

四、真实物理世界面临的风险挑战

物理学中存在"量子虫洞"的概念，即以非线性方式连接不同的宇宙。类似地，我们所生活的现实世界和虚拟世界也通过一种"信息虫洞"相互连接。这些"虫洞"是人和人际关系，将人类文明凝结成一个复杂但又连贯的整体。数以亿计的网站、社交媒体等正在将虚拟世界变成真实物理世界的对手和威胁。这无疑是一场危险的斗争。

如今，等级制度正面临全球变革。虚拟世界的出现让创建新的等级制度成为现实，并通过影响现实将其赋予公众。我们正面临一项令人不安的挑战，这既是全球冲突也是全球战争。风险挑战的形成与虚拟世界的出现有着直接的因果关系。然而，虚拟世界还没来得及制定规则、边界和层次结构，甚至还没拥有共同的语言。它发展太快，我们难以跟上它的节奏，混乱也随之而来。

我们将面临无数挑战：各国的政治局势和国家关系在虚拟世界里已经向着一个重要的维度在推进。此外，个人隐私也面临着巨大挑战，但带来的后果还不得而知。但在我看来，最大的挑战是信息等级制度的崩塌和人类生活空间的日益混乱，这可能对人类文明产生负面影响。

五、全球合作以应对威胁

面对此种情况，我们亟须下定决心，制定相应规则应对已经存在的虚拟世界。否则，我们将像盲目的鼹鼠一样，在自己生活的世界里随处挖洞，最终只会迎来集体崩塌。总之，我们需要世界和平共处。

在俄乌冲突中，以美国为首的西方国家已经意识到能够从数字信息不对称中获益。它们控制着各种网络数字平台，掌管脸书、国际资金清算系统

（SWIFT）、银行卡支付系统和云结构等关键领域，从普通的信息交换到经济活动，无一不在它们的掌控之下。从某种意义上说，以美国为首的西方国家已经出现了新的统治阶层，它们控制着整个社会的发展进程。

西方社会的精英公开争抢霸权，抢占领导地位，导致难以就信息传播达成真正开放的监管共识。我们可以看到，世界主要的数字平台甚至都不欢迎中立的态度。

我们别无选择，只能着手创建一个新的、中立的数字世界，实现全球开放、公平的监管。同时，也应避免侵犯他国网络主权。另外，不同国家拥有不同的监管技术和能力，其所处的立场也不尽相同，未来是否能达成协议还须共同努力。

未来，我们可能会看到全球冲突加剧，数字技术或许会成为各国手中的"武器"，而非合作手段。不过，我们可以把希望寄托在联合国等主要国际组织，同时依靠"一带一路"倡议这样涵盖广泛、迸发活力的区域性项目，为数字合作创造良好条件。

网络空间与韧性：社会复杂性激增的挑战

郭青溪（Stéphane Grumbach）[*]

  摘　要：随着网络空间的发展，新的社会经济互动模式开始涌现，诞生诸多强势的数字参与者，而传统组织却开始衰落。与公众更息息相关的新型政府行为开始出现，信息技术催生的转型不容忽视。然而，数字化转型的速度却成为人们并未完全察觉的问题。为何转型速度如此之快？如此突然的变革会带来什么后果？回顾信息技术发展史，信息技术的发展与社会复杂性的激增总是同时发生。信息处理能力的提高有助于应对新的复杂挑战。当前，全球环境变化成为人类面临的最复杂挑战之一，数字化转型与环境转型同步发生或许并非巧合。网络空间已成为全球交流互动的平台，未来将在应对资源短缺、环境恶化、流行病控制等棘手的威胁方面发挥更为重要的作用。因此，开展网络空间国际合作至关重要。本文通过历史案例考察信息处理能力如何与社会复杂性同步发展，并说明网络空间与当前社会复杂性激增之间的关联，进而探索新的应对方式。此外，网络空间权力集中现象和不断增加的脆弱性也构成严重威胁，因此需要构建一个更为均衡有效的国际规范体系。

  关键词：网络空间；数字化转型；网络空间韧性；网络安全；地缘政治

---

* 　郭青溪系法国国家信息与自动化研究所资深科学家。

一、引言

自万维网（World Wide Web）诞生以来，以数字技术为核心的数字体系（digital systems）快速构建给社会带来深远影响。数字技术催生了搜索引擎、社交网络、在线市场等新型服务，传统服务业逐渐被新兴行业颠覆，这些新兴行业为商品和服务的制造者与消费者创造出新型互动模式。大规模信息处理不断优化处理事务的模式，在变革中发挥着重要作用。数字技术极大提高了准确性与可靠性，提升了全球连通性。

数字技术对社会的影响一直是人们研究和讨论的主题，在经历了最初的混乱之后，各国已经出台诸多新的法案。这一过程还将持续，立法者努力维护社会安全稳定，造福人类社会和经济发展，未来还将更加重视环境问题。然而，在技术的影响下，重要的社会契约以及广义上的国家在建立社会经济规范中的作用似乎受到了威胁，可靠信息的管理变得混乱，虚假新闻、谣言等信息在网络空间出现，这些信息或是由算法生成和推荐，或是被社交网络无限夸大。网络攻击正越来越多地威胁到能源供应、卫生医疗等基本社会服务，其危害与日俱增，有时甚至迫使人们暂停这些基本社会服务。

据世界银行数据（截至2022年4月），数字经济创造了全球15.5%的GDP，过去15年间其增速是全球GDP增速的2.5倍。[1]数字经济比重及其增速表明，未来数年中，农业、教育、卫生、国防等许多基础部门都将发生根本性变革。在新冠疫情肆虐全球的背景下，数字体系在推动社会功能变革方面发挥了重要作用，这也充分说明它拥有适应恶劣条件的潜力。

二、数字技术为人类社会带来变革

纵观全球人类发展史，信息技术与人类社会的复杂度同步发展。当社会进步受到资源或领土的限制时，复杂性会陡增，然后人类就会寻找解决方案。由

---

[1] World Bank, "Digital Development", 2022-07-26, https://www.worldbank.org/en/topic/digitaldevelopment/overview.

于人类必须不断解决新的问题，知识与技术也会在反馈循环中不断发展。[1]其中，信息技术发挥着至关重要的作用。

数字技术与可持续发展及韧性之间有何关系？数字技术既是全球环境挑战的解决方案，也是一个现实问题。作为解决方案，数字技术有助于优化资源管理，减少人类活动足迹；作为现实问题，数字技术对能源的消耗量日益增多，且相关设备难以回收再利用。我们掌握的自然生态系统的知识在很大程度上得益于数字技术：既可以收集和处理海量数据，又可以设计越来越重要的气候模型等，以便进行高度可靠的预测。

当前，随着数字体系的拓展，全球范围内双多边市场加快调整，零工经济根据实时信息计算供求，影响着经济平衡。新型治理形态开始出现，其目标直指安全、稳定及健康的生态环境。数字化水平不断提高使得组织机构变得更有韧性，而数字化转型也必须专注于地球生态系统。

近年来，人类的基本活动日益依赖网络空间，全球资源的生产与分配也更加离不开网络空间。这使得人类面临两大现实情况：一是网络空间行为体的长期责任是确保社会向更具韧性方向转型，减轻地球生态系统的压力；二是尽管在政治和地缘政治层面都必然会出现紧张的利益冲突，但维护网络空间运行的安全性依然非常必要。

随着应对复杂性激增的信息技术解决方案的发展，新的挑战不断涌现。如今，网络空间中的决策权集中问题以及大量脆弱性问题对网络空间的安全与韧性构成严重挑战。其中，一项最基本挑战就是在国际层面建立全球准则，保证国际社会韧性。

三、人类社会复杂性的演变

当前，数字技术加速发展，各项社会功能对网络空间的依赖日益加深，这是否与人类社会复杂性激增有关？我们倾向于认为二者之间确实存在关联，这

1 　S. Grumbach, S. Van Der Leeuw, "The evolution of knowledge processing and the sustainability conundrum", *Global Sustainability*, Vol.4, 2021.

在一定程度上与传统数字技术的认知背道而驰。通常人们认为数字技术仅仅只是技术发展的产物，而这些发展又引发了变革，这些变革未必是人们意料之中的，却代表着未来社会的各种可能性。

（一）历史的发展

人类社会的复杂性可以用一系列与人口增长和对地球占有率有关的指标来衡量。进入20世纪，人口增速显著加快，达到历史最高水平。1972年，罗马俱乐部发布了关于人口增长结束的著名报告《增长的极限》[1]，该报告预测到21世纪上半叶，世界人口与工农业生产和原材料会达到峰值，然后下降。事实上，从1987年开始，世界人口每12年就增长10亿，这加剧了环境恶化和社会威胁。[2]

（二）当前的变革

人口增长与人类社会复杂性激增之间有着密切关系，人类社会复杂性激增既是人口增长的结果，也是人口增长的条件。人类社会复杂性激增的因素包括越来越多的主体开始增加互动、主体之间的距离越来越远、主体之间的相互依赖程度逐渐加深等。我们可以通过社会的各个方面来考察这个问题，包括知识和技术、经济贸易、控制与治理，以及与全球生态系统的互动等。这些维度在历史进程中不断演变，推动人类活动变革以确保社会的正常运转。随着人类能力多样化，管理层级不断加深，相应机构规模也日益扩大。同时，相关知识体系的爆炸式增长、知识的不断积累和知识体系的分支发展，都使得知识体系组织日益复杂。例如，金融系统发展出高度抽象的机制，形成具有全球影响力的市场及金融衍生品等；技术发展对自然生态系统的影响日益增强，在全球层面影响着自然生态系统的演变等。

尽管同期人类认知能力并未发生变化，但人类社会不断激增的复杂性必须得到更大规模、更加复杂的机构支持，这些机构通过提供集体组织的能力，以

---

1 D. H. Meadows, J. Randers, & al., *The limits to growth*, 1972.

2 W. Steffen, W. Broadgate, L. Deutsch, O. Gaffney, C. Ludwig, "The trajectory of the Anthropocene: the Great Acceleration", *The Anthropocene Review*, 2 (1), 2015, pp.81–98.

应对不断出现的新问题，并寻找解决方案。但这种组织能力存在一定的局限性，即不可能无限扩大组织的复杂性，因为这会超出管理的范围。就此而言，信息处理是这场"战争"的关键。近年来，自动化系统已开始运用于交通导航或医学图像分析等复杂任务，这正是利用机器来提高人类能力的举措。尽管这种举措与其他技术革命一样是一种简单的技术能力，但对于一些一般性任务，采用自动化机器独立做出重要决断，这是一个巨大转折。这意味着，机器不再只是人类手中的工具，而是成为人类的伙伴，人类将在放权、信任、依赖、控制的基础之上发展出新的社会平衡。

四、人类社会复杂性激增背景下的新挑战

数字技术为人类提供了一种前所未有的能力，但也直接引发了国际局势的紧张，比如人类可以利用数字技术在其他地域开展远程行动，包括实施控制、影响和胁迫。也就是说，数字技术可以在和平时期被用于实施微妙的远程行动，也可以在战争中被"武器化"。可采取的远程行动有很多种，远程行为者的范围也非常广。而大多数远程行动是由大型主体实施，以国家大力支持的企业为主。其中，中介平台是最活跃的主体。过去十年间，市场逐渐被顶级中介平台主导，这些平台实现了有史以来最迅速的市值增长，它们在拥有数十亿用户的网络中占据主导地位，并为用户提供基本服务、吸引用户。由于这些平台的主要活动不受其所处国家的地理疆域限制，中介平台与传统公共管理服务便构成竞争关系。

事实上，数字产业的各个方面，如硬件、软件、在线服务、法律规范等都可能卷入国际争端。同时，这些国际争端也呈现出与此前紧张局势截然不同的特征：一方面是数字化提供的远程控制能力；另一方面是环境不断恶化的全球地缘政治背景，需要新的领导形式减轻对环境的影响。

与此前冲突中的困难相比，我们面临的新困难之一是如何提供确切证明——网络攻击的溯源、存在后门或远程平台对个人数据滥用，以及深度伪造技术。随着技术发展、监控增多和国际规范建立，当前的形势也会发生变化，

但变化并非一朝一夕之事，而且还会引发十分严重的后果。事实上，目前只有少数国家拥有大型数字化主体。量子技术、通信和计算的发展有可能进一步推动"数字化"武器集中在少数国家手中。全球范围内，网络及其基本节点已开始武器化。[1] 2012年，伊朗成为首个被限制加入国际资金清算系统（SWIFT）的国家。该事件反映出，限制接入基本平台能够赋予攻击者进攻能力并当即生效，且不会给攻击者造成任何损失，在此过程中攻击者也不必实施实际封锁或部署军事力量。

五、结语

鉴于地缘政治形势，我们有充分的理由担心网络空间国际交流合作仍会困难重重。我们应当实施长期战略，培养网络空间信任，加强网络空间安全，从而建立有助于提高互信的长效规则。为实现此目标，各国肩负着不同责任，这取决于各自的全球数字影响力、数字主权水平和境外数字影响力。数字技术会加剧传统技术、金融不平衡的问题，造成更加严重的不对等。人类社会复杂性激增或许会拉开不同地区之间的差距，而这主要取决于不同地区对复杂竞争的掌控程度，以及其利用自动化系统的能力。不过，人类社会复杂性激增也会赋予超级大国与以往完全不同的全球责任，即确保人类社群的整体韧性。

---

1 H. Farrell, A. L. Newman, "Weaponized Interdependence: How Global Economic Networks Shape State Coercion", *International Security*, 44 (1), 2019, pp.42–79.

第五章

成果共同分享

互联网在韩国、亚洲及世界的早期发展

全吉男（Kilnam Chon）[*]

摘　要： 计算机网络发源于20世纪60年代。[1]1969年，首批试验式计算机网络——美国高等研究计划署网络（ARPANET，简称"阿帕网"）诞生。20世纪80年代，韩国等国家开始出现基于互联网通信协议（IP）的计算机网络。[2]本文回顾了20世纪韩国的互联网发展史，以及互联网在亚洲与世界其他国家（地区）的发展动态，全面介绍了互联网生态系统、互联网路由器、专线互联网、商业互联网服务供应商、宽带互联网、网络安全、高科技创业企业以及科技园区等方面的发展历程。

关键词： 互联网发展；互联网生态系统；高科技

一、互联网生态系统

1969年，美国开发出具有四个节点的阿帕网。[3]1982年，韩国研发出双节点搭建、使用互联网通信协议第四版（IPv4）的网络。这是美韩两国各自建立互联网生态系统的开端。[4]

---

* 全吉男系韩国互联网之父、韩国科学技术院荣誉教授。

1　An Asia Internet History, Fourth Decade (2010s), 2021.

2　Ibid.

3　Barry Leiner, A Brief History of the Internet, *ACM*, 2009.

4　Kilnam Chon, Internet Ecosystem, KR4050 Workshop, 2021.

20世纪80年代，美国等国家和地区开始使用计算机与科学网络（CSNET）、用户网络（USENET）以及因时网（BITNET）等，不再仅用阿帕网。[1]美国国家科学基金会网络（NSFNET）逐步取代阿帕网成为美国的核心网络，并接入亚洲、欧洲、拉丁美洲和北美洲，与全球许多国家基于IP协议（IPv4与IPv6）的计算机网络构成了如今的互联网。

构建互联网生态系统的方式包括研发、标准化和会议研讨等。标准化机构主要包括国际互联网工程任务组（IETF）、电气电子工程师学会（IEEE）、万维网联盟（W3C）、国际标准化组织（ISO）、国际电信联盟（ITU）以及各类行业协会。相关国际会议主要包括国际计算机通信会议（ICCC）、国际网络会议（INET）、网络通信展览会（INTEROP）等。

在互联网生态系统中，公私部门均发挥着重要作用。政府在国家运行中担任重要角色，并承担着传统监管责任。公共机构在技术研发和标准化等方面对政府职能起补充作用。电信服务供应商一方面提供基础设施服务，另一方面与社交媒体、电子商务等数字化服务供应商协同发挥作用。

20世纪80年代，韩国互联网生态系统逐渐形成。最初，韩国的大学、公共科研机构、企业科研实验室共同组建科研网络社区[2]，并在建立后与全球其他国家和地区的类似社区开展了广泛的合作。

随着科研网络社区的建立，互联网治理开始兴起。1991年，学术网络委员会（ANC）成立后，互联网治理演化为HANA/SDN联盟行为。学术网络委员会通过工作组与会议组织了大量活动，包括1986年起对.kr域名与IP地址进行管理。网络安全成为韩国面临的重大难题。当时韩国主要采用微软专用软件单独处理基于公钥的基础设施的用户访问。后来，韩国试图弥补这种方式带来的缺陷，但生态系统一旦建立，就很难改变。

1990年，作为太平洋通信网络项目（PACCOM）的一部分，HANA/SDN联盟利用韩国首条国际专线互联网接入美国国家科学基金会网络，覆盖美国、澳大利亚、中国香港、日本、韩国、新西兰。1994年起，韩国电信公司

1　An Asia Internet History, Fourth Decade (2010s), 2021.

2　Ibid.

（Korea Telecom）、大康电信（Dacom）、INET等三个联盟成员开始提供商业互联网服务。[1]

二、互联网路由器

在韩国早期互联网发展过程中，互联网路由器是首项重要技术项目。[2]阿帕网使用的路由器是接口信息处理器（IMP），这种产品是1969年基于霍尼韦尔（Honeywell）小型机开发出来的。下一代互联网路由器建立在微处理器的基础上，如太阳微系统工作站（Sun Microsystem Workstatio）路由器是采用摩托罗拉68000处理器研制出的。后来，开始出现基于定制超大规模集成电路芯片的商用路由器，如思科路由器与Proteon路由器。

韩国在1981年至1982年间成功研发出基于PDP 11/70与PDP 11/44（早期小型计算机型号）的路由器。20世纪80年代后期，韩国出现了基于微处理器的路由器，该设备类似于太阳微系统工作站路由器，并来自三星在摩托罗拉68000处理器基础上研发的UNIX计算机SSM-16。后来，韩国又研发出了基于个人电脑的路由器。20世纪80年代末，通过太平洋通信网络项目，韩国互联网与美国国家科学基金会网络利用来自太阳微系统工作站的路由器，通过美国夏威夷大学搭建起了首个国际IP链接，首次实现与亚洲其他国家的联通。

三、专线互联网

1969年，阿帕网开始提供带宽56 Kbps的专线网络。[3]欧洲和亚洲的其他国家在国内都可采用专线和拨号连接，但鉴于国际线路成本较高，通常都是采用拨号连接到美国。直到20世纪80年代末，阿帕网才允许国际专线接入IP。

韩国首次国际连线是通过拨号分别于1983年和1984年接入UUCP网络与

---

1 Internet History. kr, 2022.

2 Hyun Jae Park, Broadband Internet, KR4050 Workshop, 2022.

3 Barry Leiner, A Brief History of the Internet, *ACM*, 2009.

CSNET的。拨号带宽低，运行质量较差，因此网络也较差。1986年，国际链路实现IP接入，尽管费用居高不下，韩国与亚洲其他国家还是重点考虑使用国际专线。

1989年，韩国与多利益相关方组成的HANA/SDN联盟合作，共同克服了国际链路成本高昂的问题。20世纪80年代末，HANA/SDN联盟加入太平洋通信网络项目。该项目由美国国家科学基金会与来自澳大利亚、中国香港、日本、韩国、新西兰等国家和地区组成的亚洲科教网络共同运营，所有网络均通过专线接入美国国家科学基金会网络，部分网络接入夏威夷，还有部分接入加利福尼亚州。1990年，韩国科研环境开放网络与HANA/SDN联盟接入带宽56 Kbps的美国国家科学基金会网络。

20世纪90年代，面对网络流量的爆发式增长，这些网络不断提高链路带宽，国际链路宽带从56 Kbps升到了256 Kbps及以上，韩国国内骨干网络的链路宽带则升到了1.5 Mbps（T1）及以上。例如，HANA/SDN联盟的年流量在1984年至1988年间扩大了3倍，在1988年至1991年间扩大了200多倍，在1991年至1993年间扩大了40倍。

四、商业互联网服务供应商

1987年，美国UUNET通信服务公司成为第一家商业互联网服务供应商。自1994年开始，韩国电信、大康、INET等三家公司在韩国提供商业互联网服务，其他公司在20世纪90年代中期紧随其后。然而，韩国只有大约10家公司提供商业互联网服务，而美国和许多其他国家有100家甚至1000家以上的公司为其提供商业互联网服务。

韩国是除美国外最早一批提供宽带互联网服务的国家之一。[1]1996年，美国@Home公司成为第一家提供有线电视宽带互联网服务的公司。1998年，韩国宽带互联网服务供应商Thrunet公司开始提供有线电视宽带服务。1999年，韩国宽带运营商Hanaro电信和韩国电信公司开始提供使用非对称数字用户线

1　Hyun Jae Park, Broadband Internet, KR4050 Workshop, 2022.

路的宽带互联网服务。2002年，韩美两国的宽带互联网用户均超过1000万。韩国的宽带服务在用户数量与宽带速度方面始终处于世界领先地位。

韩国互联网社区从创建之初就是一个开放的自治社区且发展迅速。许多电信服务公司自1994年起就开始提供互联网服务，1996年后开始提供宽带服务。韩国在标准化方面灵活度也较高，率先采纳国际标准化组织提出的开放系统互联标准（OSI）。

20世纪80年代与90年代，韩国通过科教网络开发互联网人力资源。这些公开合作拓展了由大学、科研机构与行业组成的互联网社区。20世纪90年代，大量重要人力资源从科教网络社区顺利转移至商业互联网服务公司。韩国商业互联网服务供应商社区与科教网络社区在结构上大同小异，国内外均设冗余骨干网络。商业服务的骨干带宽从56 Kbps及时增加到1.5 Mbps（T1）、45 Mbps（T3）和Giga-bps。互联网交换也发展得更早，但在21世纪初的发展并不尽如人意。[1]

过去数十年间，全球商业互联网服务供应商经历了巨大变革。如今，移动通信服务供应商占据主导地位。

五、宽带互联网

1991年，艾伯特·戈尔（Albert Gore）根据美国《高性能计算法案》发表了关于美国国家信息基础设施"信息高速公路"的声明。[2]1994年，韩国提出建设国家高速信息网络的总规划[3]，该规划提出，投资300亿美元建立全国光纤网络，这也是韩国有史以来规模最大的工程之一。

韩美两国提供宽带服务源于缺少拥有64 Kbps带宽的综合业务数字网。韩国也没有同美国或日本一样采用"无限拨号服务"（unlimited dialup service），所以对于韩国用户而言，宽带服务的成本会低于拨号服务。21世纪初，韩国人

1　Kilnam Chon, Internet Access (draft ppt), 2022.

2　An Asia Internet History, Fourth Decade (2010s), 2021.

3　Hyun Jae Park, Broadband Internet, KR4050 Workshop, 2022.

均宽带接入用户数量居世界首位。2002年，韩国宽带接入用户总量已超过1000万。韩国在20世纪成功推动宽带互联网发展有多方面的重要因素。一是供应商采取统一价格，推行低价策略，加速向高密度城市与住宅区发展，并不断完善基础设施，将电信服务和广播服务相合并。二是用户日益重视教育，并已积累一定的知识储备，能够熟练使用宽带互联网。三是韩国政府逐步建立公平竞争的营商环境，允许非电信公司参与提供服务，并积极推广网络教育。

六、网络安全

网络蠕虫研究起源于约翰·肖奇（John Shoch）与乔恩·赫普（Jon Hupp）。1982年，约翰·肖奇与乔恩·赫普发表了《蠕虫程序——分布式计算的早期经验》一文。[1]1988年，罗伯特·莫里斯编写了入侵阿帕网的莫里斯蠕虫病毒[2]，导致阿帕网崩溃。同时，莫里斯蠕虫病毒严重影响了韩美之间的电子邮件往来，对韩国互联网造成了重创。[3]此次事件引起了阿帕网项目赞助机构——美国国防高级研究计划局的注意。1988年，应美国国防高级研究计划局的要求，卡内基梅隆大学软件工程研究院组建计算机应急响应小组协调中心。美国及其他国家的众多组织也紧随其后，分别建立了各自的计算机应急响应小组。

1996年，韩国信息安全中心成立，负责运营韩国计算机应急响应小组协调中心。后来，韩国信息安全中心与韩国网络信息中心（KRNIC）合并，组成了新的机构——韩国互联网安全局（KISA）。

1999年，韩国网络安全迎来重大进展，韩国政府出台新的《电子签名法》，又依据该法案启用公钥基础设施，使得韩国使用了全球90%以上的公钥。

韩国是遭受网络攻击最多的国家之一，在政务、金融等领域内都发生过多起重大网络安全事件。因此，网络攻击使韩国互联网生态系统建设难上加难。

---

1 John Shoch and Jon Hupp, "The Worm, Programs-Early Experience with a Distributed Computation", *Communications of ACM*, Vol.25, Number 3, March 1982, pp.172-180.

2 Robert Morris, Internet Worm of November 2, 1988. Morris Worm, Wikipedia, 2022.

3 An Asia Internet History, Third Decade (2000s), 2018.

亨利·基辛格在《人工智能时代：和我们人类的未来》一书中提出了针对人工智能、网络安全等问题的见解。[1]他警告人们注意人工智能的最新进展以及其可能会在网络安全、网络战等方面对人类社会产生的影响。

七、高科技企业

高科技企业是推动全球互联网发展的重要力量。[2]位于旧金山湾区的硅谷为半导体、计算机、互联网及其他信息技术领域孕育了大量跨国高科技企业，其中包括20世纪80年代成立的英特尔、苹果、甲骨文等公司，以及20世纪90年代成立的谷歌、雅虎、网景等公司。同一时期，韩国也取得了类似进展。1980年，位于首尔的三宝电脑开始制造兼容微电脑苹果 II（Apple II）的计算机，随后又着手生产个人电脑，成为韩国首批生产此类产品的公司。

20世纪80年代，韩国科学技术院（KAIST）孵化大量高科技企业。1981年，该院计算机科学系教授与其学生共同创办公司专攻桌面印刷。1985年，韩国科学技术院电气工程系创办了首家主营医用超声诊断系统的麦迪逊医疗器械公司。20世纪90年代，麦迪逊公司在医疗领域不断发展，并成立了约30家子公司。1995年，该公司创始人还成立了韩国创业公司协会。1989年，Human公司在首尔江南区（德黑兰路）创办。该公司专注于支持中英韩等文字的桌面出版技术。

1993年，韩国科学技术院计算机科学系毕业生成立了Serom Technology公司。1999年，该公司在美国加利福尼亚州创办了提供互联网电话服务的Dialpad公司，远早于欧洲2003年才出现并提供类似通信服务的Skype公司。这是韩国人在美国创办的首家高科技创业公司，但未取得可与Skype比肩的成绩。1995年，高科技企业多音公司（Daum）成立，于1997年推出首款网络电子邮件服务产品——Hanmail，成为90年代韩国主要的电子邮件产品。进入21世纪后，多音公司与信息服务供应商Kakao公司合并。1997年，另一位韩国科

1　Henry Kissinger, et al., *The Age of AI: And Our Human Future*, 2021.

2　SM Jeon, High Technology Ventures, KR4050 Workshop, 2022.

学技术院毕业生李海珍（Haejin Lee）创办了提供网络搜索服务的Naver公司。2010年，Naver公司超越了信息服务供应商Kakao公司，并为主导日本市场的即时通信软件公司（LINE）提供信息服务。

20世纪90年代与21世纪初，Nexon、NCsoft、HanGame等韩国网络游戏公司成立，在全球网络游戏市场中占据主导地位。直到腾讯等中国公司崛起，这一局面才被打破。20世纪前十年，韩美两国几乎同步培育出了众多社交媒体公司，韩国公司包括赛我网（CyWorld）、SayClub等。然而，这些公司均未能发展壮大。

八、科技园区

20世纪50年代，硅谷等科技园区在美国旧金山湾区兴起。20世纪50年代至70年代，半导体公司与电子公司大量投资信息技术领域的高科技创业企业，继硅谷之后，又陆续涌现出了美国马萨诸塞州的"128号公路"高新技术区、法国的索菲亚—安蒂波里斯科技园以及英国的剑桥科技园等。

在亚洲，日本于1963年建立了筑波科学城，韩国于1975年建立了大德科学城，中国台湾于20世纪80年代成立了新竹科学园。日本多所政府科研实验室以及大学迁往筑波，但和大德科学城一样，筑波缺乏重要的高科技企业。中国台湾新竹却截然不同。与硅谷相似，新竹人口数量超过100万，坐拥台积电、台联电等多家重要的半导体公司以及众多大学与科研实验室。21世纪初，中国台湾还创建了台北南港软件园。

中国大陆地区也创建了科技园区。1988年，中国建成第一个国家级高新技术产业开发区——中关村科技园区。随后，深圳等地也陆续建立了众多科技园区。但与硅谷侧重软件与半导体的发展不同，深圳科技园区的重点放在研发计算机硬件上。

韩国大德科学城最初以国家科研实验室为主，仅有忠南大学与韩国科学技术院两所高校。进入21世纪后，大德科学城开始推动高科技创业企业的发展。

位于首尔的韩国科学技术院是众多高科技创业企业的发源地，而首尔江南区德黑兰路拥有大量高科技创业企业。2010年后，首尔京畿道地区的盆唐区与板桥（两地位于首尔市江南区以南约15公里处）为建立成熟的信息技术公司创造了有利条件，但这两地同样缺少高科技创业企业和高校。

韩国各地建立了多个生物技术科技园区，如京畿道地区的松岛、大德、五松等地。[1]由于大部分高科技创业企业和信息技术公司集中于首尔—京畿道大都市区，韩国政府推出了"创业谷项目"，旨在其他地区建立科技园区，覆盖城市包括大田、光州、江陵、大邱、釜山、济州等。[2]

九、结语

20世纪80年代，韩国互联网虽刚刚起步但充满希望。[3]韩国于1982年成功研发出的双节点互联网是世界上最早一批IPv4网络，随后在亚洲乃至全球范围内开展了广泛的国际合作，并快速追赶上了互联网领先国家的步伐。如今，韩国互联网用户已超过人口总数的96%[4]，宽带互联网服务已基本实现全覆盖，带宽速率全球领先。

方便快捷的互联网是数据访问、电子商务、电子支付、社交媒体等各类应用的必备条件。经济与社会无法脱离互联网独立运转，互联网已成为生活的"必需品"，国际社会应努力让互联网服务全人类，避免陷入网络安全困境。

互联网影响着整个社会，但互联网生态系统没有受到应有的重视。网络安全、社交媒体等诸多领域都面临着生态系统发展和演变仍不充分带来的风险与挑战。一旦生态系统扩大到一定规模，就难以改变，无法重新设计，这提醒人们在今后互联网的设计和布局中应三思而行。

1　SM Jeon, Science & Technology Parks, KR4050 Workshop, 2022.

2　Ibid.

3　An Asia Internet History, First Decade (1980s), 2013.

4　Internet World Stats, 2022.

云社区与民族国家

伊亚德·阿尔安尼（Ayad Al-Ani）[*]

摘　要： 人类能在现实物理空间和网络虚拟世界建立彼此的联系。人类在网络空间更容易克服现实世界中存在的限制，也更容易在不同的地方找到志趣相同的伙伴。云端创建全球社区的想法已随元宇宙等新技术的出现而逐渐受到重视，但与民族国家的适配性及复杂关系仍相当模糊。迹象表明，由高技能个体组成的网络社区不仅有助于民族国家的价值创造，而且也逐渐变得有吸引力，网络社区将不断获得政治影响。因此，在竞争激烈的多极世界中，融合虚拟社区和现实社区的能力可能成为民族国家的重要资产。

关键词： 云社区；民族国家；网络空间

一、逃避与合作

最初，数字化转型并不是为了创造社会平等的局面，甚至还创造了新的分歧[1]。尽管如此，人们借助数字化转型，历史上第一次实现了"可以为自己

---

* 伊亚德·阿尔安尼系德国爱因斯坦数字未来中心教授、南非斯坦陵布什大学公共领导学院教授。

1 早期观察人士指出："随着个体分割成互不相连的子群体，民族国家基本上瓦解成全球经济体，因为数字技术在融合空间的同时，也分散了交流和注意力。其结果是为企业巨头提供了全新的竞争格局。人们认为这是真正的解放，因为旧的工业统治阶级已经消解，年轻的参与者有可能瞬间获得非凡成就。尽管网络精英可能觉得这种趋势很先进，但这种转型可能还会带来犯罪或道德问题。"（Jon Lebkowsky, "30 cyber-Days in San Francisco", *CTheory*, https://journals.uvic.ca/index.php/ctheory/article/view/14333/（转下页注）

做更多的事情，无须依赖他人的许可或合作"[1]；此外，同样重要的是"可在与他人松散的关系中做更多的事情，而无须建立稳定的长期关系"[2]。2000年初出现点对点（P2P）生产等新型合作形式，这是程序员不断地激发自己的创造力而开发出的新模式。正如开源运动所体现的，这种新模式不以营利为目的，而是追求精英和灵活管理的群体合作生产方式。其通常靠算法管理，并逐步在全球平台实现制度化。[3]值得注意的是，其目的不在于改革等级制度，而是利用"退出"机制创造新生产形式的逃避策略："抵抗即创造。"[4]显然，此类平台的工作者大多是精英主义的"创意阶层"，主要由咨询、科学、法律、文化和技术领域的专业人士组成。[5]但从事云计算工作或开展全球业务的群体却因无法被纳入传统范畴，引起传统主义者的怀疑，还被认为"缺乏灵魂"。

二、整合与机器社区

在云端以新模式工作的个体难以创建独立的空间。[6]传统公司若因全球化和过度竞争影响而深陷危机，则需要新的创新思想和人才，就会整合点对点

（接上页注）5111）。当前，人们才开始讨论社会平等问题。中国为应对数字经济带来的社会不平等问题，进行了关于"共同富裕"政策的实践（Daniel Van Boon, "China's great Big Tech experiment matters everywhere", https://www.cnet.com/culture/chinas-great-big-tech-experiment-matters-everywhere/ ）。

1　Yochai Benkler, *The Wealth of Networks*, SUP, 2006, p.9.

2　Ibid.

3　Ayad Al-Ani, *Widerstand in Organisationen · Organisationen im Widerstand: Virtuelle Plattformen, Edupunks und der nachfolgende Staat*, Springer VS, 2017, p.123.

4　John Holloway, *Change the World Without Taking Power. The Meaning of Revolution Today*, Pluto Press, 2015, p.25; William Robinson and Jeb Sprague-Silgado, "The Transnational Capitalist Class", M. Juergensmeyer, M. Steger, S. Sassen and V. Faesse (eds.), *The Oxford Handbook of Global Studies*, OUP, pp.309–328.

5　关于限制该新阶层的困难，参见Richard Florida, *The Rise of the Creative Class Revisited*, Basic Books, 2014 ；David Brooks, "How the Bobos Broke America", *The Atlantic*, September 2021 (Accessed 2022–05–20)。关于工人阶级缺乏在全球范围内自行组织的能力，参见Zak Cope, "Divided World-Divided Class", *Global Political Economy and the Stratification of Labour under Capitalism*, AK Press, 2015, p.363。

6　参见Klaus Türk, "Organisation als Institution der kapitalistischen Gesellschaftsformation", G. Ortmann, J. Sydow and K. Türk (eds.), *Theorien der Organisation*, Springer VS, 2000, pp.124–176, here p.165。

网络（P2P）等云端合作形式[1]。大型科技企业热衷于将云技术及人才融入价值创造过程中，例如，共享经济最终发展成租赁经济，点对点模式的一端变成了众包工人[2]，这一过程也反过来推动传统企业的技术发展和自动化转型[3]。同时，由于自动化和机器化的驱使，未来人们或大规模离开传统的等级组织，并可能是永久离开。[4]但企业不会阻止，反而会同意甚至支持人才的外流，企业不需要太多员工或者说需要更有特点的员工，而过剩技术和能力的外流有助于推动自身的自动化转型。此外，受疫情影响，熟悉众包相关工具与合作模式的群体也将退出。麦克尔·哈特（Michael Hardt）和安东尼奥·奈格里（Antonio Negri）预测未来将出现新的能够自我创造技术的"机器社区"。为实现这一目标，社区间在全球方案上还将进行合作。[5]一个新的地理格局将会出现，它不会取代现有的民族国家，而是会增加一个虚拟连接层：城市、地区、生物区和民族国家仍将存续，但会发生重大变化。转型后的国家通过提高人口素质和吸引全球智慧，成为世界地方主义的推动者，并通过增强居民的能力保证贡献平等。[6]

1　点对点网络概念具有高度的创新性和生产力，对传统企业吸引力强："并行生产模式是互联网社会实践中出现的最具理论性的革命性创新。1996年，没有正规管理架构以及独家专有控制权的网络服务器软件开发者，难以击败微软主导的互联网核心市场。然而，服务器软件'阿帕奇'（Apache）在过去20年里击败了微软服务器，但另一个自由/开源软件项目——Nginx成为其发展最快的竞争对手。从自由/开源软件到维基百科再到视频新闻，并行生产模式在信息生产环境中发挥重要作用……"（Yochai Benkler, "Peer Production, the Commons, and the Future of the Firm", *Strategic Organization*, 2017, Vol.15 (2), pp.264-274, here p.264）

2　"像操作系统Linux内核等重大项目被誉为有效且共享的并行生产实例。然而，鲜有人研究资本主义公司是如何利用基于共同利益的并行生产来补充其商业产品的……资本主义公司依靠自由/开源软件社区内部的创新和漏洞修复来实现其商业产品的落地。"（Benjamin J. Birkinbine, *Incorporating the Digital Commons: Corporate Involvement in Free and Open Source Software*, London: University of Westminster Press, 2020, p.102）

3　"现在，神经网络可以方便地在数百万量级的数字图像或语音样本上进行训练。"（John Markoff, *Machines of Loving Grace: The Quest for Common Ground between Humans and Robots*, New York: HarperCollins, 2015, p.151）

4　这是曾被大肆宣传"新工作"（New Work）概念的最初含义：在传统公司之外寻找新的角色。（Frithjof Bergmann, *Neue Arbeit, neue Kultur*, Arbor, 2017）

5　Michael Hardt and Antonio Negri, *Assembly*, OUP, 2017, p.121.

6　"Twitter Thread on the Role of the State in a Commons-Centric Society", https://wiki.p2pfoundation.net/Twitter_Thread on the Role of the State in a Commons-Centric Society.

三、云端社区与民族国家

有大型技术公司曾希望在传统国家之外拓展自己的"版图"。[1]但国家之外的无主之地极为稀缺，只能采取有限策略。另外，随着云技术的发展，有些国家开始制定发展战略专门吸引网络社区，旨在获取全球竞争优势。

例如，迪拜制定了一项"无岸"战略："各国积极向创新者们出租相关空间，为新技术、新制度和新社区提供'试验田'。它们不是售卖国家主权，而是升级成为能够提供金融、医疗和教育认证的虚实混合国家。在新兴治理服务市场，实体与数字互换位置：用户与政府服务供应商建立数字关系，无论何时何地都能使用其服务，并利用它的信誉获得进入该国或其他相关国家的实际机会。"[2]

纳入虚拟社区的技术越稀缺，其政治影响力越大，民族国家为此可能调整云端社区政策，甚至需要寻求与其他国家的合作，以便吸引更多云端社区来提升政治地位："当我们的世界越来越趋于混合现实时，会发生什么？想象一下，在网络虚拟联盟中建立的企业或公民平台，其通过区块链协议运作，类似Tor加密浏览器、开源社区GitHub、比特币和跨境支付平台TransferWise的混合体，使匿名IP和在全球获取现金成为可能。无数远程工作者未来将加入云端社区，对内部政策进行投票。届时，民族国家将有两个选择：要么利用本国的云端劳动力（可能会促使许多人离开），要么与其他国家组成数字化的'汉萨同盟'（Hanseatic League），囊括更多流动人口并从其创新中受益。但在现实中，大多数国家在地理和人口上都属于小国，类似原子结构，大部分人口和经济总量都集中在首都，其余都是腹地。"[3]

反之亦然，各国也可利用云端社区扩大地缘政治影响。通过将云端成员和社区，及其技术和资产纳入民族国家之中，有可能扩大国家的"版图"和实力。

1　Nathan Ingraham, "Larry Page Wants to Set Aside a Part of the World for Unregulated Experimentation", *The Verge*, 2013−05−15, http://www.theverge.com/2013/5/15/4334356/larry-page-wants-to-set-aside-a-part-of-the-world-for-experimentation; "The Redmond doctrine: Lessons from Microsoft's corporate foreign policy", *The Economist*, 2019−09−12.

2　Parag Khanna, *How Mass Migration Will Reshape the World−And What It Means for You*, Weidenfeld & Nicolson, 2021, p.262.

3　Ibid, p.263.

四、全球危机与云端社区

当前形势只能反映多重矛盾和危机的冰山一角：新自由主义和民族主义之间的政治矛盾，以及资本主义生产方式和自然之间日益增长的矛盾，正在加剧全球危机，其标志是低利率或负利率，以及随之而来的房地产、黄金和投机对象等资产的投资"泡沫"。[1]全球疫情和俄乌冲突占据了本该用于预防气候变化和缓解社会不平等的资源和精力，让全球危机更加严重。[2]

然而，危机往往孕育改革与创新。基于本文分析，云端社区可能会诞生新的思想和技术，进而影响民族国家。若真能成为现实，那"云空间"甚至有可能成为人类智力的"诺亚方舟"。

但此种假设要求我们跳出本文对云端社区和民族国家的框架描述，深入了解参与者的真实动机。同样，我们需要深刻认识资本主义的整体性。那些此前对政治体制影响微小的个体和社区，只有通过数字技术和相关工具组织起来，广泛获取全球影响力，才能产生真正的变化。相比之下，数字社区中的精英人士组织，除了能带来机会主义的变化外，难以催生更多有益的进步。这一点从任何特殊利益集团中都可见一斑。[3]

1　Torkil Lauesen, *Riding the Wave: Sweden's Integration into the Imperialist World System*, Van Horne, 2021, p.176.

2　美国政府不得不将其对乌克兰的一些军事支持与新冠疫情的财政援助分开，因为后者存在争议，可能会耽搁两党反而都赞成的军事支持。参见Kevin Breuninger, "Biden calls on Congress to 'immediately' pass major Ukraine aid package before new Covid funding", CNBC, https://www.cnbc.com/2022/05/09/biden-calls-congress-to-pass-major-ukraine-aid-package-before-new-covid-funding.html。

3　关于特殊利益集团对社会的影响，这里主要指的是小群体的再分配似乎更反映机会主义的影响，因为这些群体只要承担一小部分的再分配成本，就可以享受到集中利益。参见Mancur Olson, *The Rise and Decline of Nations: Economic Growth, Stagflation and Social Rigidities*, YUP, 1982。

机遇与挑战：与中国对话的崭新空间

苏傲古（Augusto Soto）*

摘　要： 新冠疫情深刻影响着世界发展，各国都在进行调整转型，网络空间已拓展出新阵地。在当前日益复杂的国际环境中，习近平主席始终致力于推动网络空间国际交流与合作，中国对世界互联网发展作出巨大贡献。应进一步发挥联合国等国际组织作用，加强网络文化交流，倡导绿色、环保、清洁，推动"一带一路"倡议发展。

关键词： 网络空间；中国网络空间现状；网络空间机遇与挑战；网络空间命运共同体

过去三年，新冠疫情深刻影响着世界发展，各国都在进行调整转型，网络空间已拓展出难以想象的新阵地。在这个思想糅杂的世界里，各种变革都在发生，我们必须认真讨论并提出建议和行动方案。

一、中国对世界互联网发展作出巨大贡献

20世纪80年代以来，计算机信息与网络技术在美国和西方国家率先得到发

---

* 苏傲古系西班牙"与中国对话"项目负责人、联合国不同文明联盟全球专家。

展与应用。此后，中国等国家的第一代数字基础设施也相继得到发展[1]。2014年，首届世界互联网大会（以下简称"乌镇峰会"）在中国举办，旨在探讨全球互联网发展面临的挑战及对策。此后，中国对世界互联网发展作出巨大贡献。

中国大部分地区正在掀起新一轮数字基础设施建设热潮。截至2022年9月，中国已建成155.9万个5G基站。据报道，2022年计划新建60万个5G基站。根据《中华人民共和国国民经济和社会发展第十四个五年规划和2035年远景目标纲要》，中国将把5G网络的用户普及率提高到56%。此外，数据显示，中国2022年第一季度高技术制造业增加值同比增长14.2%，明显高于其他行业；航空、航天器和装备制造业增长了22.4%；电子信息制造业增加值同比增长12.7%；最显著的增长就是对高技术制造业的投资，达到32.7%。

与此同时，中国在欧洲的外商直接投资增长迅速。相关数据显示，中国风险投资正在涌向欧洲的科技初创企业，金额高达12亿欧元，创历史新高，是2021年的一倍多。其中，投资主要集中在金融科技、电子商务、人工智能和机器人技术等领域[2]。

在当下的自由贸易框架中，中国经济总量约占世界经济的18%，是120多个国家和地区的主要贸易伙伴。然而，国际环境变得日益复杂，面临更多的不可预测性。在和平时期，互联网与现实世界的联系越紧密，网络空间发生的攻击就可能越致命，尤其是那些针对关键基础设施的攻击。

二、发挥国际组织作用

中国国家主席习近平是一位始终致力于推动网络空间国际交流与合作的

---

1 需要补充的一点是，中国目前的网络空间及太空项目背靠国家的自有力量。这让人想起了1960年中国工程师夏培肃所牵头的中国第一台通用数字电子计算机107的开发，这一开发过程完全基于中国的自主知识和科学储备。也正是这一成就为1970年中国成功发射第一颗卫星奠定了基础，这是国家发展的重要一步，也是中国网络空间水平进步的首个里程碑。

2 人工智能具有无限潜力。几乎每个领域都有人工智能支持的管理系统，从大城市的交通管理到无须人员驾驶便可以行驶数百公里的船只等。许多人预测，在2030年之前，中国将成为世界主要的人工智能发展参考对象。更多详细内容请参阅Augusto Soto：《中国对全球化的贡献：过去与未来》，《今日中国》，2022年6月11日，http://www.chinatoday.com.cn/ctenglish/2018/et/202206/t20220601_800295828.html。

大国领导人。他强调："推进全球互联网治理体系变革是大势所趋、人心所向。国际网络空间治理应该坚持多边参与、多方参与，发挥政府、国际组织、互联网企业、技术社群、民间机构、公民个人等各种主体作用。既要推动联合国框架内的网络治理，也要更好发挥各类非国家行为体的积极作用。要以'一带一路'建设等为契机，加强同沿线国家特别是发展中国家在网络基础设施建设、数字经济、网络安全等方面的合作，建设21世纪数字丝绸之路。"[1]

面对世界互联网发展出现的新挑战，我们需要提升传统国际交流与合作的质量，同时争取在联合国的直接和持续参与下，制定网络空间行为准则。对于公众普遍认同的生存威胁，联合国可以在相关的全球治理中作出贡献，例如，积极应对气候变化、粮食安全、能源短缺以及未来可预见的大流行病和自然灾害等。并且，我们应当将网络空间视作携手构建人类命运共同体的重要领域。

值得一提的是，联合国支持乌镇峰会的举办及相关成果发布，这在2021年的乌镇峰会中得到了充分体现。同时，联合国互联网治理论坛（IGF）受到联合国秘书长重视，由联合国经济和社会事务部（UNDESA）协助支持，论坛的成果为世界各地的决策者提供信息和启发。[2]

三、加强互信应对全球性问题

从过去三年的经历可见，大流行病的出现与当下环境的恶化息息相关。物种的消亡将对公共和全球卫生产生更大的影响，加强新型领域的交流变得更加重要，这关乎不同思维方式的融合。我们应当在联合国的帮助下，为人类社会所期望的世界互联网发展须作出贡献，并对其中的重点领域予以关注——爱护环境和守护健康。[3]

---

1 Xi Jinping, "Enhance Cyber Capabilities Through Innovation", *The Governance of China III*, Foreign Language Press, 2020, pp.360−361.

2 Mr. Li, "Opening Remarks 2021 World Internet Conference Wuzhen Summit Opening Ceremony", https://www.un.org/en/desa/opening-remarks-2021-world-internet-conference-wuzhen-summit-opening-ceremony.

3 环境并非是有局限性的，而是与整个地球息息相关。比方说，亚马逊是地球的氧气之源，这就可以很好地帮助我们理解这个概念，而这只是每片土地上的无数案例之一。

互信是很关键的因素，但在网络空间中，这一点并未得到足够的重视。我们需要将增进互信作为重要的因素，从而突破网络空间的局限性。由于全世界仍在与新冠疫情作斗争，继续巩固良好的国际关系可谓明智之举，世界互联网交流也应当建立在此基础上。

有学者指出，解决气候变化问题的《巴黎协定》为世界回归到多边主义提供了诸多可能性，我们必须尝试"将应对气候变化的协同努力带入其他领域"[1]。如果我们共同参与应对气候变化，就是在共同改善全球卫生，这是中国和世界可以遵循的同一个防护理念。

绿色、环保、清洁已经成为一个重要议题。例如，欧盟和中国都制定了应对气候变化的重要目标。中国预计在2030年之前实现碳达峰，在2060年之前实现碳中和；而欧盟预计是在2050年之前实现碳中和。欧盟和中国都以发展绿色资产分类标准为目标，同时寻求与绿色金融和投资分类标准更好地融合。这对于帮助投资者做出更环保的选择将起到至关重要的作用。

同时，中国通过加速推进与空气、水资源、土壤、固体废料污染控制以及核与辐射安全监管相关的项目，正在加大对生态领域的投入。[2]此外，"一带一路"倡议的绿色维度也得到国际社会的广泛关注，该倡议的前景非常广阔。

如果无法在网络空间开展国际交流与合作，人类社会的命运都将受到影响，"命运之轮"或将停摆。因此，推动构建网络空间命运共同体至关重要。

1　Javier Solana, "The best thing we can do is to conduct the relationship with China in the best possible way", Atalayar, 2021-02-28, https://atalayar.com/en/content/can-united-states-and-china-coexist-challenges-european-union.

2　"China to increase effective ecological investments", Xinhua News Agency, 2022-06-27, http://www.brsn.net/NEWS/zhiku_en/detail/20220627/100500000003476165630060150518817_1.html.

"一带一路"倡议下的"数字丝绸之路"与地缘政治

雅思娜·佩拉夫妮可（Jasna Plevnik）[*]

摘　要:"一带一路"倡议涉及陆地、海洋和数字领域，这些领域相互关联，着眼于加速构建现实和网络世界相互依存的互联互通平台。本文讨论了在当前大国地缘战略竞争激烈、争夺全球控制权的背景下，"一带一路"倡议及其重要组成部分——"数字丝绸之路"如何发挥其在经济、战略、安全和数字领域的作用。本文认为，"一带一路"倡议有能力继续在中国与亚洲、非洲和欧洲之间建立物理和数字互联互通。"一带一路"倡议面临的问题，是如何在现实世界中进一步发展，以及如何应对网络空间地缘政治挑战。

关键词：数字丝绸之路；网络空间；互联互通；人类命运共同体

一、引言

人类自古以来就对超越物理物质空间的领域充满好奇。尽管在网络空间里，有可见和不可见两个层面，这两个层面相互关联。

中国正通过"一带一路"倡议、全球发展倡议、人类命运共同体理念、全球安全倡议实现区域和全球合作新模式，以合作打破国家间的分裂思维。其中，全

---

* 雅思娜·佩拉夫妮可系克罗地亚地缘经济论坛主席。

球安全倡议是基于"安全不可分割"原则设立的[1]。这些新一代全球平台合作模式的目标是将世界建设成为稳定互联的有机整体，各国之间共享经济发展与和平。

近年来，"一带一路"倡议已从传统领域扩展到数字领域，即"数字丝绸之路"。在该框架下，中国开始与"一带一路"合作伙伴共同打造数字互联互通（5G网络、人工智能技术、云计算、电子商务和支付系统、智慧城市），并推动中国数字产业出海。

二、网络空间受到地缘政治的深刻影响

作为世界第二大数字经济体，中国的人工智能等数字技术和5G基础设施在全球处于领先地位，这是在地区和全球推进"数字丝绸之路"的重要条件。

中国在网络空间具备发展优势。中国企业纷纷进入"数字丝绸之路"合作框架。比如，2020年，恒通集团铺设了长度足够绕地球一圈的电缆，包括从亚洲到非洲以及从非洲到南美的跨大陆连接。[2]

俄乌冲突给网络空间的未来发展带来新风险。网络空间的主要参与者都将评估这些风险并提供解决方案。参与者们支持网络合作并集体应对网络挑战，但节奏缓慢。同时，网络空间已经成为一种战争武器，网络间谍、针对他国系统及基础设施实施的网络破坏和攻击等日益增加。在南美洲，一些国家甚至考虑与美国进行互联网分离，避开美国及其盟国的领土，以便在冲突发生时保护自身的网络系统。[3]

随着数字技术的发展，把网络空间视为实现国家地缘政治战略利益的空间，以地缘政治为代价的国际合作将会增加，网络空间将成为一个去地域化的全球交流空间。然而，网络空间有其物理基础设施（即陆地和海底光缆、计算

1　1975年《赫尔辛基最后议定书》首次提出了"安全不可分割"原则。该原则已成为众多支持这一主要思想的战略文件及和平会议的组成部分。"安全不可分割"原则，即任何国家都不能以牺牲他国为代价来加强自身安全。

2　"Mapping China's Digital Silk Road", By Reconnecting Asia, 2021-10-19, https://reconasia.csis.org/mapping-chinas-digital-silk-road/.

3　详见Astrid Prange, Janara Nicoletti, "Brazil wants Internet independence from the US", 2013-10-03, https://www.dw.com/en/brazil-wants-internet-independence-from-the-us/a-17134352。

机及其他数字设备），这些有形的存在削弱了网络空间超越国家间政治和战略关系的潜能。世界大国将这些可见的网络基础设施视为国家领土的延伸，应为其所控并受其影响。

在俄乌冲突之前，已有部分西方国家挑战中国进行数字化发展的权利和中国大型科技公司参与市场竞争的权利，同时还挑战了"一带一路"倡议和"数字丝绸之路"计划在全球物理空间的落实。

三、"数字丝绸之路"有助于应对网络空间的分裂

自中国发起"数字丝绸之路"倡议以来，世界发生了巨大变化。

在美国单极外交政策、俄乌冲突以及国际组织多重危机的压力下，国际环境正向着与网络空间本质所崇尚的"网络连通"相反的方向发展。在这种情况下，"数字丝绸之路"在连接网络空间方面的作用将越来越大。

与"一带一路"倡议一样，"数字丝绸之路"也强调全球互联互通和利益共享。因此，来自亚洲、非洲、欧洲和南美洲的参与国遵循数字合作，将其作为网络关系中对抗分裂趋势的战略方针。

"数字丝绸之路"加快了"一带一路"倡议伙伴国家在数字服务、电子商务、金融、智慧城市、算力、大数据、物联网、人工智能和区块链等领域的数字合作和互联互通。华为等企业在制定5G全球技术标准方面发挥了重要作用。

中国向数字化欠发达国家提供部分数字援助和资金，用于数字基础设施建设。"数字丝绸之路"所组织的活动给互联网基础设施不完善甚至无互联网地区的发展中国家提供了帮助。"数字丝绸之路"以此支持"一带一路"的人文互联互通，同时也将非"一带一路"倡议框架下的部分国家囊括其中，从而进一步推动世界的数字化发展。

南非基金会在2020年的一项调查显示，非洲青年对中国的认可程度首次超过了美国。这归功于"一带一路"倡议。[1]

1　详见Kate Bartlet, "China Wins Battle of Perception Among Young Africans", VOA, 2022-06-14, https://www.voanews.com/a/china-wins-battle-of-percption-among-young-africans/6617568.html。

中国很多公司都参与了网络基础设施的建设和整合工作，项目包括电信网络、云服务、支付和智慧城市等，地区涵盖亚洲、欧洲、非洲和南美洲等。在欧洲，中国公司遵守欧盟的技术标准和规范以及欧盟《通用数据保护条例》，不会将其模式强加于"一带一路"倡议伙伴国家。

"数字丝绸之路"的关系基于供需市场原则，而非地缘政治。然而，迫于美国对布鲁塞尔的施压，欧洲在"一带一路"倡议上所面临的政治压力与日俱增。"数字丝绸之路"与"一带一路"倡议在欧洲的进度相较于亚洲和非洲要迟缓，亚洲与非洲的很多国家已经成为"数字丝绸之路"合作的重要参与者。这种情况如果持续下去，或将有损欧洲的利益。欧洲可能会因此失去对中国跨国科技公司的市场吸引力，同时不得不以更高的成本采购数字设备、建设新网络，进而损害欧洲公民利益。

俄乌冲突对"数字丝绸之路"的影响是双向的。"一带一路"倡议伙伴国家需要与中国开展更多的数字合作。"数字丝绸之路"未来的影响力和发展成效取决于中国将如何应对国际关系的巨变。

四、中国描绘新世界秩序的愿景

大多数全球和地区冲突都源于世界无法接纳多极化，无法超越强权政治。多极世界秩序的发展需要得到美国的支持，但美国认为，多极化将对其利益造成威胁。

西方正在炮制新的政治思维模式和情绪，其带有冷战的价值观和气息。但这并不意味着当前的世界秩序已成为或将走向两极化。

美国的战略利益并非恢复过去的两极世界秩序，也不是延续当前的世界秩序。在当前的世界秩序中，权力结构在战略层面是单极的，在经济层面上却是相对多极的。尽管世界发生了变化，但美国的目标仍是在各个层面主导世界。而新兴大国之所以出现，并非因为得到了美国支持，而是因为这些国家的经济崛起，及其在多边主义框架下加强全球和地区合作的愿景。

显然，"多极世界秩序的时代已经过去"是错误观点。美国的单极主义理论和实践，必须由那些持多极世界秩序观点的大国来反对。

在俄乌冲突之前，欧盟的全球愿景是多极化和多边主义。但现在看来，欧盟作为一个重要的全球自主经济体，其与非西方国家合作、构建多极国际体系、加速经济相互依存的能力正在被削弱。

中国、印度、巴西及一些欧洲和中东国家正面临历史性机遇，可以让世界继续维持在多极化的轨道上，但要想做到这一点须付出更多努力。

中国对世界新秩序的新思考，即构建人类命运共同体的理念，或许可以为世界政治带来新变革，以一种推陈出新的方式开启新的世界秩序。中国将以更长远的视角，来实现构建人类命运共同体的目标。与多级化秩序相比，这一概念更加高瞻远瞩、思虑周全。因为在多极世界里可以存在强权政治，而在人类命运共同体中，国家之间的关系不再受制于大国霸权。世界秩序向多极化发展，比"一家独大"更有利于世界稳定与和平。

中国在2013年提出的"一带一路"倡议，是推动建设更加进步的世界秩序的第一步。该倡议致力于在陆地、海洋和网络空间中构建新的国际互联互通结构。中国并不要求其他国家遵循自己的发展模式，也不会操控或利用国际规则来为自身牟利。在争取更公平的自由贸易和国际金融市场上更大话语权的斗争中，中国已经成为发展中国家的主要盟友。

中国—东盟数字经济合作的内生动力和外部挑战

刘　畅[*]

摘　要：近年来，中国—东盟数字经济合作取得较大进展，但也面临一些需要克服的困难。中国和东盟应挖掘双方数字经济合作的内生动力，包括数字化转型的强大内需、数字经济发展高度交融、不断深化政策对接并夯实机制保障等，解决一些外部挑战，包括外部压力叠加的安全考量加剧、疫情冲击、区域合作机制拥堵等。双方要在发展中克服困难，共同推动双方数字经济合作行稳致远。

关键词：中国—东盟合作；数字经济；内生动力

中国始终视东盟为周边外交的优先方向，东盟于2020年首次成为中国的第一大贸易伙伴。2021年，中国—东盟升级为全面战略伙伴关系，各领域合作成果丰硕。近年来，中国—东盟数字经济合作表现亮眼，特别是在2020年中国—东盟数字经济合作年后，双方数字经济合作进入快车道。但受一些外部因素阻碍，中国—东盟数字经济合作仍面临较大挑战。随着合作进入"深水区"，双方深化合作需要克服更多困难。为此，中国和东盟应切实厘清双方数字经济合作的脉络和大方向，正确认识合作的动力源头，将合作推向新高度。

---

[*]　刘畅系中国国际问题研究院美国研究所助理研究员。

一、内生动力

根据《二十国集团数字经济发展与合作倡议》，数字经济是指以使用数字化的知识和信息作为关键生产要素、以现代信息网络作为重要载体、以信息通信技术的有效使用作为效率提升和经济结构优化的重要推动力的一系列经济活动。中国—东盟数字经济合作之所以能保持高速发展态势，其根本原因是双方合作的动力具有内生性。所谓"合作的内生性"，指的是合作推动力的主要源头是双方可以自主掌握和决定的事项，是双方在自身发展和相互交往之中自然产生的因素。合作内生性越强，则合作动力越足、可持续性越强、韧性和抗干扰能力越好。在中国—东盟数字经济合作中，内生性表现极为突出，为合作带来了巨大活力，不断推动双方合作行稳致远。

（一）东南亚国家数字化转型的强大内需

东南亚各国均把数字化转型视为搭上第四次工业革命快车和维持当前较快经济增速的关键。大力发展数字经济、推动数字化转型，成为东南亚政商学各界共识，也成为区域合作新增长点。2021年初，东盟首次召开东盟数字部长会议，通过《东盟数字总体规划2025》，提出要增强企业和民众参与数字经济的能力，推动建成具有包容性的数字社会。东南亚各国也纷纷争夺先机，如越南副总理黎明慨要求胡志明市帮助企业实现数字化转型，到2030年成为东南亚数字经济的领先城市。2020年6月，文莱公布《数字经济总体规划2025》，将大力发展数字经济列为保持文莱可持续发展创新的重要组成部分。

东南亚数字经济发展释放出巨大的潜力，也为各国加速推进数字化转型带来重要机遇。东南亚不断攀升的城镇化率、高速发展的工业化进程叠加人口红利窗口期，为数字经济的高速发展打下坚实基础。谷歌、淡马锡和贝恩联合发布的东南亚数字经济报告显示，2019年东南亚数字经济总规模首次突破1000亿美元大关，预计将在2025年达到3000亿美元水平。值得注意的是，这份自2016年开始逐年发布的报告每年都会调高对东南亚数字经济规模的预测。2016年和2017年，该报告预测，2025年东南亚数字经济的规模将达2000亿美元，2018年报告中这一预测增加到2400亿美元。[1]

与之相伴随的是东南亚大量互联网"独角兽"企业诞生，并实现超高速发展。近年来，东南亚的互联网创业企业出现群体性崛起，短短几年时间涌现出7000家左右的公司，引发大量关注。游戏网络运营公司竞舞台（Garena）、科技公司GoTo、网约车平台Grab、跨境电商平台来赞达（Lazada）和虾皮（Shopee）、在线旅游平台Traveloka、科技公司VNG等佼佼者被认为是东南亚最具影响的"独角兽"企业。[2]这些企业在新冠疫情期间有力支撑了社会正常运行，发挥了不可替代的作用，迎来了大发展的繁荣期。由印尼共享出行服务商Gojek和印尼电商平台Tokopedia合并而成的GoTo公司上市首日，股价上涨15%，成为印尼证交所史上规模最大的首次公开募股（IPO）之一。

可见，东南亚蓬勃发展的数字经济深深扎根于其现代化发展的大潮流之中，具有强大的韧性和不可逆转性。中国的数字经济高速发展，由此驱动的中国—东盟数字经济合作内在具有势不可挡的巨大推力。

（二）中国与东盟数字经济发展高度交融

早在3G时代，华为、中兴等中国企业就开始与东南亚国家开展数字基础设施建设合作，为部分东南亚国家带来了物美价廉的通信技术和设备，显著提升当地的数字基础设施建设水平，让东南亚数字经济展露出巨大潜力，为中国—东盟数字经济合作扫清技术障碍。自2013年开始，中国互联网企业纷纷进入东南亚市场。这一现象背后的主要动力是中国企业普遍认为东南亚市场与中国市场部分特征高度相似，但还处于数字经济发展初期，未来发展潜力巨大。对于技术和运营经验相对成熟的中国互联网企业而言，东南亚逐渐成为其出海的必经之地。

部分中国企业以投资、收购的方式不断"加码"东南亚布局。阿里巴巴收购了东南亚电商来赞达，在印尼、马来西亚等地开设了阿里云云计算服务中心，蚂蚁集团在东南亚大力推广支付宝；腾讯公司投资了另一家东南亚电商虾

1　刘畅：《东南亚国家发展5G技术的现状与前景》，载《南亚东南亚研究》，2021年第3期，第66页。

2　Penny Burtt, "Southeast Asia's Digital Boom", *Forge Magazine*, No.3, 2018.

皮，大力进军东南亚手机游戏市场，推广微信支付；京东公司入股了越南B2C电商平台Tiki，在印尼和泰国设立了京东电商平台与自建的仓储物流体系。此外，字节跳动、百度等其他企业亦对东南亚市场青睐有加，形成了中国互联网企业出海东南亚的热潮。

对于东南亚国家而言，中国企业带来的技术和资金大幅提升东南亚国家数字经济的发展速度，为其数字经济发展提供必不可少的原始积累。随着东南亚国家本土企业的发展壮大，中国和东盟的数字经济产业已经相互交融、难分彼此。东南亚成为中国企业出海的首选，中国也成为东南亚数字经济发展的最大助推力。随着中国企业的开拓和加入，东南亚市场的营商环境不断改善，吸引大量其他发达国家企业跟进，硅谷巨头和日本软银公司纷纷在东南亚投资布局，进一步提升东南亚数字经济发展水平。[1]

（三）中国—东盟不断深化数字经济政策对接，夯实机制保障

中国—东盟数字经济合作的蓬勃发展离不开双方顺应市场规律，高效对接发展战略，共同创造并不断完善良好的数字经济营商环境。中国和东盟各国政府通过签署政府间文件或推动发展议程，为中国—东盟数字经济合作建立了稳定的政策环境和明晰的前景预期，为双方合作不断深入发展注入活力。

近年来，中国和东盟就数字经济合作达成很多共识。2018年公布的《中国—东盟战略伙伴关系2030年愿景》中明确提出，双方要加强数字互联互通、抓住数字经济发展机遇。2019年双方发表了《中国—东盟智慧城市合作倡议领导人声明》，明确鼓励和支持有关私营部门加大对智慧城市相关技术的研发和推广，从重点领域推动数字经济发展和合作。同年发表的《中国—东盟关于"一带一路"倡议与〈东盟互联互通总体规划2025〉对接合作的联合声明》中，明确提出要扩大数字经济合作，将2020年确认为中国—东盟数字经济合作年。双方于2020年底达成了《中国—东盟关于建立数字经济合作伙伴关系

1　黄飞：《东南亚国家拥抱华为5G的商业逻辑与政治计算》，载《第一财经日报》，2019年7月1日，第A11版。

的倡议》，同意共同抓住数字机遇，打造互信、互利、包容、创新、共赢的数字经济合作伙伴关系，将加强数字经济合作提升到新高度。同期达成的《落实中国—东盟面向和平与繁荣的战略伙伴关系联合宣言的行动计划（2021—2025）》提出，要继续通过中国—东盟数字部长会议及其他机制开展数字领域政策对话与交流，落实中国—东盟数字经济合作年达成的成果。双方建立了中国—东盟数字部长会议机制，在2022年初中国—东盟第二次数字部长会议上，通过了《落实中国—东盟数字经济合作伙伴关系行动计划（2021—2025）》和《2022年中国—东盟数字合作计划》，就加强数字政策对接、新兴技术、数字技术创新应用、数字安全、数字能力建设合作等达成共识。

由此可见，中国—东盟数字经济合作自2018年以来明显提速，进入双方全面合作的快车道，成为中国—东盟全面战略伙伴关系的重要组成部分。双方始终明确数字经济合作的大方向和大趋势，相互加强制度保障、明确指引，促进资源优化配置，不断培育数字经济发展壮大的良好环境，成为中国—东盟数字经济合作的重要内在推动力量。

二、外部挑战

尽管中国—东盟数字经济合作具有强大的内生动力，但随着近年来国际政治环境愈发复杂，一系列外部负面因素日益突出，中国—东盟数字经济合作面临的挑战和考验增多。

（一）国际外部压力叠加导致东南亚国家数字经济发展从效率优先转向安全优先

随着新冠疫情与乌克兰危机相互叠加，国际供应链问题日益突出、敏感，东盟国家的安全考量上升，开始寻求数字经济供应链多元化。东南亚各国在审视既有数字经济合作的过程中难免受到外部因素的影响，沿用在大国间"不选边站"的传统思维，在数字经济领域也进行类似的制衡和平抑，不愿过分依赖某一个国家。[1]这对中国—东盟数字经济合作的未来发展带来一定的不确定性。

东盟国家在数字设备采购、数字标准制定等方面原本只需考虑市场和技术因素，按照市场原则处理相关议题即可。但近年来受国际形势变化影响，东盟国家愈发谨小慎微，游走于各方间。部分东南亚国家在处理数字经济问题时带入了政治考量。例如，越南宣称要自主开发5G，其最大的通信运营商越南军用电子电信集团（Viettel Group）在河内使用爱立信公司的5G设备，在胡志明市使用诺基亚公司的5G设备。

此外，部分东南亚国家积极吸引美、日公司大举进入东南亚数字经济市场，鼓励其加大投资力度。谷歌云平台（GCP）于2020年6月底在雅加达建立了数据中心，亚马逊网络服务（AWS）预计将在马来西亚建立数据中心，均获得当地政府的大力支持。

（二）新冠疫情冲击不容忽视

数字经济在抗击新冠疫情的过程中发挥重要作用，但疫情放大了原有数字经济发展存在的短板，对中国—东盟数字经济合作的持续健康推进带来一定的负面影响。疫情下数字鸿沟问题更加突出，一国内部社会各阶层各群体的数字赋能区别更加显著，各国之间数字经济发展差异更为凸显。在区域数字治理过程中，有效的治理模式与合作机制不足、数据安全监管和个人隐私保护缺位等问题亟待解决，但中国与东盟有关国家在数字政策领域仍存在一定分歧。中国—东盟数字经济合作年有关活动同样受疫情影响，部分活动被迫延迟。数字部长会议各层级会议大多只能通过视频方式召开，一定程度上限制了双方交流。

（三）排他性区域数字经济合作机制增多，加剧"机制拥堵"

近年来，各方纷纷加速在东南亚地区的数字合作布局，由域外大国主导

1　孙学峰：《数字技术竞争与东亚安全秩序》，载《国际安全研究》，2022年第4期。

的排他性区域合作机制随之增加。美日印澳"四边安全机制"（Quad）启动"数字印太"合作，在技术、供应链、数字贸易等方面制定排他性的规则和标准。在"四方网络安全伙伴关系"中，四国探讨建立共同的软件安全标准基线，要求包括东南亚国家在内的各国都要采用该基线来开发软件，否则将不允许四国公共部门乃至私营部门采购不达标的软件。[1]2022年5月23日，"印太经济框架"（IPEF）在日本东京宣布启动，印度尼西亚、泰国、马来西亚、菲律宾、新加坡、越南、文莱等七个东盟国家成为初始成员。"印太经济框架"针对数字经济特别是数字贸易的相关内容，提出多项排他性的标准和规则。此外，在日本、澳大利亚、英国、法国、德国、欧盟等各自提出的印太战略或文件中，均涉及与东南亚国家开展数字经济合作的内容，向东南亚国家投放资源。

合作机制增多造成的"机制拥堵"，一定程度将分散东南亚国家数字经济发展的注意力。东南亚地区出现多种区域性公共产品供给，这些公共产品之间难免出现利益争夺。特别是当前以构建排他性规则的区域机制增多，将加剧国际制度竞争[2]，同时使东南亚国家消耗更多的政治和经济资源来适应相互不甚兼容的标准和合作路径，或将对东南亚国家数字经济发展造成不利影响。对中国—东盟数字经济合作而言，"机制拥堵"会在一定程度上增加合作的成本和难度，为后续双方开展稳定健康合作增添障碍。

三、结语

2022年是中国—东盟全面战略伙伴关系的开局之年。2022年1月至7月，东盟继续成为中国的第一大贸易伙伴，数字经济在其中发挥不可或缺的重要作用。中国与东盟应该持续重视双方数字经济合作，充分总结合作经验，凝聚合作共识，为今后深化合作提供更好的政策环境，推动合作顺利开展。

1 "Quad Cybersecurity Partnership", Ministry of Foreign Affairs of Japan, 2022-05-24, https://www.mofa.go.jp/files/100347801.pdf.
2 卢光盛、金珍:《超越拥堵：澜湄合作机制的发展路径探析》，载《世界经济与政治》，2020年第7期。

　　中方提出构建中国—东盟命运共同体得到了东盟方的高度赞赏，双方携手构建网络空间共同体是中国—东盟命运共同体发展的应有之义。面对越来越复杂的外部挑战，双方应继续挖掘数字经济合作强劲的内生动力，践行网络空间命运共同体理念，妥善处理好外部挑战，持续迸发更大的合作潜力，共同描绘更美好的发展未来。

后 记

　　当前，互联网和信息技术发展日新月异，构建网络空间命运共同体必须与时俱进，需要国际社会持续不断地共同努力。《数字世界的共同愿景：全球智库论携手构建网络空间命运共同体》收录了来自中国、俄罗斯、法国、德国、西班牙、克罗地亚、韩国、印度、乌兹别克斯坦、不丹、巴西等国家以及亚太互联网络信息中心、亚洲开发银行等国际组织的专家学者的研究成果。在此，感谢他们用思想、智慧和努力让国际社会加深对网络空间命运共同体理念的了解，为更好地推动构建网络空间命运共同体提供创新思路和重要借鉴。

　　本文集由中国网络空间研究院、新华社研究院、中国国际问题研究院共同发起，中国网络空间研究院国际治理研究所负责总体策划、编审、发布等工作。参与人员主要包括中国网络空间研究院夏学平、宣兴章、李颖新、钱贤良、江洋、沈瑜、叶蓓、蔡杨、李阳春、邓珏霜、廖瑾、李博文、程义峰、姜伟、邹潇湘、姜淑丽、李灿、王猛、吴晓璐、李晓娇、龙青哲、宋首友、王普、贾朔维、王奕彤、刘卓月、陈历凤；新华社研究院刘刚、刘华、李桃、李飞虎；中国国际问题研究院徐步、袁莎、徐龙第等。

　　本文集的顺利完成离不开社会各界的大力支持和帮助。鉴于时间有限，难免存在不足之处。为此，我们殷切希望各界人士提出宝贵意见建议，共同推动理论创新，与全球智库携手构建网络空间命运共同体。

2023 年 1 月